茶叶冲泡与服务

陈丽敏 主编

廣東旅游出版社
GUANGDONG TRAVEL & TOURISM PRESS
悦读书·悦旅行·悦享人生
中国·广州

图书在版编目（CIP）数据

茶叶冲泡与服务 / 陈丽敏主编 . —广州 : 广东旅游出版社 , 2020.7
ISBN 978-7-5570-1987-7

Ⅰ . ①茶… Ⅱ . ①陈… Ⅲ . ①茶艺－教材 Ⅳ . ① TS971.21

中国版本图书馆 CIP 数据核字 (2019) 第 168098 号

出 版 人：刘志松
责任编辑：官　顺　俞　莹
供　　图：摄图网　陈丽敏
装帧设计：谭敏仪
责任校对：李瑞苑
责任技编：冼志良

茶叶冲泡与服务
CHAYE CHONGPAO YU FUWU

广东旅游出版社出版发行
（广州市越秀区环市东路338号银政大厦西楼12楼）
邮编：510060
电话：020-87348243
印刷：深圳市希望印务有限公司
（深圳市坂田吉华路505号大丹工业园二楼）
开本：787毫米×1092毫米　16开
字数：235千字
印张：13.75
版次：2020年7月第1版第1次印刷
定价：45.00元

丛书编辑委员会

本书编写：陈丽敏　廖艳萍　齐冬晴　祝燕平

茶事接待服务

图①：接受任务，做好准备
图②：门口迎宾
图②：介绍茶类，为宾客下茶单
图④：备好茶器，为宾客泡茶
图⑤：协助宾客做好结账服务
图⑥：茶艺师送客

茶艺师的仪态之美

一、静态过程中的姿态艺术美

站姿（图①，图②）；坐姿（图③，图④）；表情（图⑤，图⑥）

二、活动过程中的形态艺术美

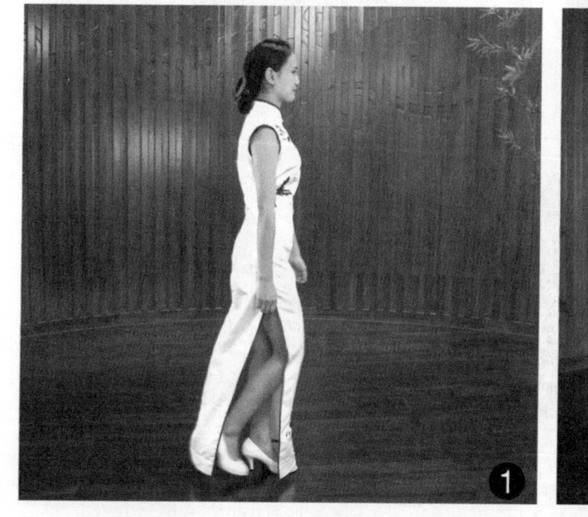

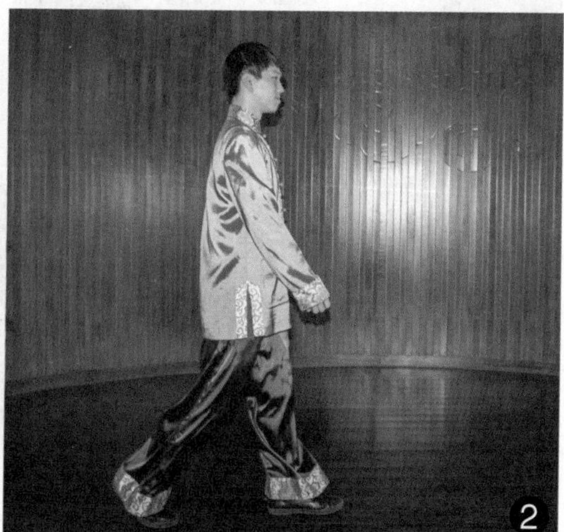

走姿（图①，图②）

绿茶

炒青绿茶：扁形茶（图①）；烘青绿茶：条形茶（图②）；晒青绿茶（图③）；蒸青绿茶（图④）；西湖龙井（图⑤）；黄山毛峰（图⑥）；信阳毛尖（图⑦）；太平猴魁（图⑧）；六安瓜片（图⑨）

白茶

白毫银针（图①）；白牡丹（图②）；贡眉（图③）

黄茶

君山银针（图①）；霍山黄芽（图②）；蒙顶黄芽（图③）；广东大叶青（图④）

乌龙茶

安溪铁观音（图①）；大红袍（图②）；冻顶乌龙（图③）

红茶

英德红茶（图①）；正山小种（图②）；金骏眉（图③）；滇红（图④）

黑茶

滇红（图①）；安化黑茶（图②）；梧州六堡茶（图③）；雅安藏茶（图④）；赤壁青砖茶（图⑤）

花茶

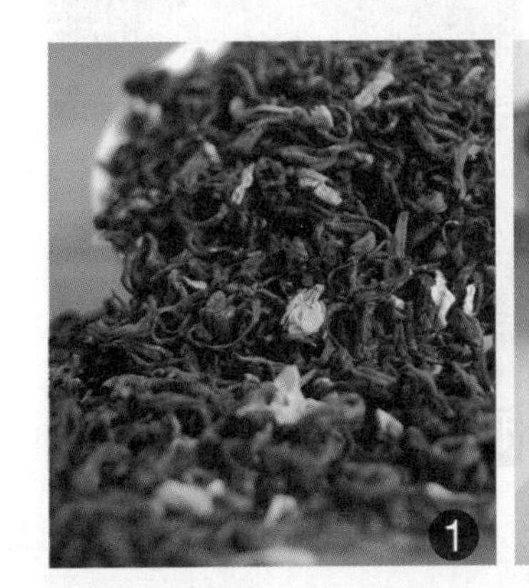

茉莉花茶（图①）；玫瑰花茶（图②）

柑普茶

柑普茶（图①）

不同材质的茶具

泡茶器具：玻璃杯（图①）；泡茶器具：盖碗（图②）

泡茶器具：瓷壶（图③）；白瓷茶具（图④）；彩瓷茶具（图⑤）；紫砂茶具（图⑥）；漆器茶具（图⑦）；竹木茶具（图⑧）；玻璃茶具（图⑨）；搪瓷茶具（图⑩）；金属茶具（图⑪）；石茶具（图⑫）

盖碗绿茶茶艺表演程式

盖碗绿茶茶具组合

步骤 1: 备具迎宾客

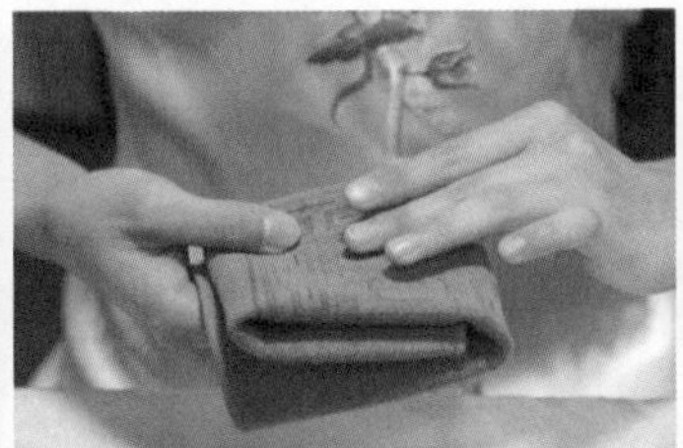

步骤 2: 净手宣茶德

步骤 3: 焚香敬茶圣

步骤 4: 铜壶储甘泉

步骤 5: 静赏毛尖姿

步骤 6: 神泉暖“三才”

步骤 7: 入杯吉祥意

步骤 8: 毛尖露芳容

步骤 9: 回青表敬意

步骤 10: 敬奉一碗茶

步骤 11: 品味毛尖汤

步骤 12: 谢礼表真意

凤凰单丛茶艺表演程式

步骤 1：迎宾入座示茶具

步骤 2：净手茶礼表敬意

步骤 3：砂铫掏水置炉上

步骤 4：静候三沸涛声隆

步骤 5：提铫冲水先热罐

步骤 6：遍洒甘露再热盅

步骤 7：锡罐佳茗倾素纸

步骤 8：观赏干茶评等级

步骤 9：壶中天地纳单丛

步骤 10：甘泉洗茶香味飘

步骤 11：环壶缘边需高冲

步骤 12：刮沫淋盖显真味

步骤 13: 烫杯三指飞轮转

步骤 14: 低洒茶汤时机到

步骤 15: 巡城往返骋关公

步骤 16: 喜得韩信点兵将

步骤 17: 莫嫌工夫茶杯小

步骤 18: 茶韵香浓情更浓

步骤 19: 收具谢礼表情意

台式乌龙茶行茶法

安溪铁观音茶具组合

步骤 1：丝竹和鸣迎嘉宾

步骤 2："三才"温暖暖龙宫

步骤 3：精品鉴赏评干茶

步骤 4：观音入室渡众生

步骤 5：高山流水显音韵

步骤 6：春风拂面刮茶沫

步骤 7：荷塘飘香破烦恼

步骤 8：凤凰点头表敬意

步骤 9：沐淋瓯杯温茗杯

步骤 10：茶熟香温暖心意

步骤 11：公道正气满人间

步骤 12：倒转乾坤溢四方

步骤 13：一闻二品三回味

步骤 14：收具谢礼静回味

盖碗花茶茶艺表演程式

盖碗花茶茶具组合

步骤1：恭请上座

步骤2：烫具净心

步骤3：芳丛探花

步骤4：群芳入宫

步骤5：芳心初展

步骤6：飞泉溅珠

步骤7：温润心扉

步骤8：敬奉香茗

步骤9：一啜鲜爽

步骤10：返盏归元

小青柑盖碗冲泡的具体流程

步骤 1: 备水

步骤 2: 备具

步骤 3: 备茶

步骤 4: 温具

步骤 5: 赏茶闻香

步骤 6: 投茶

步骤 7: 润茶

步骤 8: 冲泡

步骤 9: 出汤

步骤 10: 奉茶

前言

中国古人以茶养廉、以茶养德、以茶怡情，而今饮茶已成为现代人的一种生活方式和一种艺术体验。随着生活水平的提高，以向茶客提供茶艺服务为主要宗旨的传统茶艺馆已不足以满足人们的需要，现代茶艺馆致力于在承接传统的基础上开创时尚潮流，成为新兴的茶文化产业，也是休闲产业的一个分支。

面对市场对人才的需求，茶艺服务员的岗位培训显得尤为重要。相对于目前国内已有的诸多茶文化相关书籍，本书作为对应中职茶艺与茶营销专业的核心课程——茶叶冲泡与服务的专门类教材，其独到之处是紧紧围绕中级茶艺师的工作任务、知识要求与技能要求三个维度进行规划与设计，以使教材内容更好地与中级茶艺师的岗位要求相结合，更便于学生掌握茶叶冲泡技巧，提升茶事服务能力。

“茶叶冲泡与服务”课程的总体目标是培养学生根据茶馆经营管理理念，运用茶艺服务技巧与规范，准确、熟练地完成茶艺服务过程中的各项任务，最终养成中级茶艺师的职业能力。立足于这一目标定位，教材结合了中职学生的学习能力与学习要求，结合茶艺师职业能力的要求，对教材内容进行精心组织与编排，依据茶艺服务的主要服务内容设置了三项目标，分别涉及接待服务、茶叶冲泡、送客服务等。

需要指出的是，作为一门以提升服务技能为核心内容的课程，“茶叶冲泡与服务”的教学必须以实际操作为主，把茶叶冲泡、茶艺服务标准与相关服务理念等知识融入到实践操作中，实行理、实一体化教学。其教学既可在真实的茶艺馆情境中进行，也可在学校的实训中心通过角色扮演、小组讨论的方式进行。如果是在学校的实训中心，建议结合具体的茶艺服务业务，模拟茶艺馆服务过程，实施项目教学。可设计的项目包括茶艺馆大厅茶事服务、独立茶室服务、茶叶冲泡等。基于上述原因，本教材尤其注意突出服务细节的技能训练和服务意识的强化。

当然，除了可用于专业教学中外，本书也适用于职业培训、自学以及职业等级考核等方面。

本书的编写由多位资深教师共同参与：主编陈丽敏负责统稿，及第一章与第二章大部分内容的编写，齐冬晴负责第二章第八节内容的编写，廖艳萍负责第二章第六节内容的编写，祝燕平负责第三章内容的编写。

本书在编写的过程中参考和引用了许多国内外专业书籍与理论，对于在编写过程中所得到的大力支持，我们谨在此深表感谢。

编者

2019年12月

目录

CONTENTS

第一章 茶事接待服务

茶艺是一门新兴的学科，同时它已成为一种行业，并承载着宣扬茶文化的重任。茶是和平的象征，通过各种茶艺活动可以增加各国人民之间的相互了解和友谊。同时开展民间性质的茶文化交流，可以实现政治和经济的双丰收。可见，茶艺事业在人们的经济文化生活中是一件大事。作为一项文化事业，茶艺事业能促进祖国传统文化的发展，丰富人们的文化生活，满足人们的精神需求，其社会效益是显而易见的。茶艺事业的道德价值表现为：人们在品茶过程中得到了茶艺从业人员所提供的各种服务，不仅品了香茗，而且增长了茶艺知识，开阔了视野，陶冶了情操，净化了心灵，更看到了中华民族悠久的历史和灿烂的茶文化。另外，茶艺从业人员在茶艺服务过程中处处为品茶的来宾着想，尊重他们，关心他们，做到主动、热情、耐心、周到，而且诚实守信，一视同仁，不收小费，充分体现了新时代人与人之间的新型关系。

不断改善服务态度，进一步提高服务质量是茶艺行业的基本职业道德原则。尽心尽力为品茶的来宾服务，主要体现在茶艺人员的服务态度和服务质量上。所谓服务态度，是指茶艺人员在接待品茶对象时所持的态度，一般包括心理状态、面部表情、形体动作、语言表达和服饰打扮等。所谓服务质量，是指茶艺人员在为品茶对象提供服务的过程中所应达到的要求，一般应包括服务的准备工作、品茗环境的布置、操作的技巧和工作效率等。在茶艺服务中，服务态度和服务质量具有特别重要的意义。首先，茶艺服务是一种“面对面”的服务，茶艺人员与品茶对象间的感情交流和相互反应非常直接。其次，茶艺服务的对象是一些追求较高生活质量的人，他们在物质享受和精神享受上超出他们自己日常生活的要求，所以他们都特别需要人格的尊重和生活方面的关心、照料。第三，茶艺服务的产品往往是在提供的过程中就被宾客享用了，所以要求一次性达标。（见第II页图）

茶事的类型很多样。古人的茶事，往往是按照一日三餐的时间来进行的，因此有“三时茶”的说法，分别为朝会（早茶）、书会（午茶）、夜会（晚茶）。到了现代，随着人们生活水平的提高，茶事的形式也日益多样化，出现了“茶事七事”的说法，即早晨的茶事、拂晓的茶事、正午的茶事、夜晚的茶事、饭后的茶事、专题茶事和临时茶事。

茶事的类型还可以根据主题进行划分，如开封茶坛的茶事（相当于佛寺的开光大典）、惜别的茶事、赏雪的茶事、赏花的茶事、赏月的茶事、一主一客的茶事，等等。也就是说，每次茶事都要有主题，比如新婚祝福、乔迁之喜、生辰纪念、庆贺获得一件珍贵茶具等等。

除此之外，茶事又有前、后茶事之分，前茶事是指在山中进行的茶叶种植、制作等系列生产活动，后茶事则是指在饮茶场所进行的把干制的茶叶变成饮料的过程，是茶道的所有可以直观的形式的总和。

茶艺师在茶事服务过程中，按照标准程序进行服务，能减少服务过程中出现的问题，同时能提高服务的质量与效率。茶艺师的基本工作流程如右图。

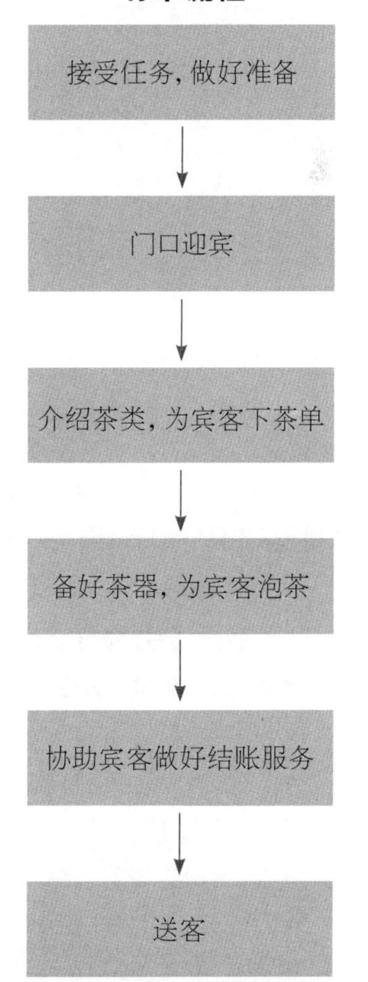

茶艺师为宾客提供茶事服务的过程中，其饱满的工作热情和责任感，可以使宾客充分感受到茶艺从业人员努力钻研业务、热情待客、提高服务质量的职业精神，真正体现人们常说的“茶品即人品，人品即茶品”。

01 大厅茶事服务

【学习目标】

1. 能描述大厅茶事服务的基本流程。
2. 能为宾客做好大厅茶事服务。

【核心概念】

大厅茶事服务：茶事是在饮茶场所进行的把干制的茶叶变成饮品的过程，而大厅茶事服务就是在特定的消费场所——茶艺馆大厅，茶艺师为宾客提供的所有服务的总和。

【基础知识：大厅茶事服务基本流程】

大厅茶事服务应包括以下步骤：

一、接受任务，做好准备

- 茶艺员应做好茶艺馆的卫生工作，保证环境舒适，桌椅整齐。
- 根据接待客人的人数及重要性，备好开水、茶具、茶叶及其他用具。
- 在客人到达前，整理好仪容仪表。

二、门口迎宾

- 茶艺员应在茶艺馆门口微笑迎客，使用礼貌用语表示欢迎。
- 询问用茶人数、预订等情况，并指引顾客到正确位置。
- 耐心解答顾客有关茶品、茶点以及服务、设施等方面的询问。

三、介绍茶类，为顾客下茶单

● 茶艺员应目光平视，热情招呼，并根据顾客需要安排座位，主动协助顾客放置好随身携带的物品。

● 确定人数后，为顾客送上毛巾、递上茶单，根据顾客需要介绍茶品。

● 向顾客推介茶艺馆的特色产品，引导顾客消费。

四、备好茶器，为顾客泡茶

● 茶艺员应根据茶单，准备好泡茶用具。

● 上茶时，手托茶盘，行至顾客座位的右侧后方，右脚跨前一步，右手持杯子中端（如为盖碗杯，则应端杯托），从主客开始，按顺时针方向，依次将杯子轻轻地放置于顾客的正前方桌面，并报上茶名。

● 顾客杯中茶应冲至七分满。请顾客先闻茶香，并说："请用茶"。

● 茶艺员应随时关注顾客用茶的情况，当杯中余茶量在1/2时，就应及时添水。

● 茶艺员还应保持桌面清洁，及时擦拭桌面水渍。

五、协助宾客做好结账服务

● 茶艺员应核对账单，以随时配合顾客结账的要求。

● 结账时，茶艺员应双手将账单呈给顾客。

● 顾客确定消费金额并付费后，茶艺员应致谢。如有找零，应将零钱和发票夹在账单内交给顾客，并再次致谢。

六、送客

● 茶艺员应为顾客轻轻拉开椅子，并致以"谢谢光临""欢迎再次光临""请走好""请慢走，再见"等语，并提醒宾客不要忘记所带物品。

● 送客时应让宾客走在前面，并主动拉门道别，再次表示感谢。

【活动设计】

一、活动条件

茶艺馆实训室；大厅茶事服务所用的开水、茶具、茶叶及其他用具；茶单、收银机。

二、安全与注意事项

茶具无破损；茶叶新鲜；随手泡摆放在不易碰撞之处，电源线板通电安全；④斟茶时，避免茶水溅落到客人身上。

三、活动实施（见表1：活动实施步骤说明）

四、活动反馈（见表2：大厅茶事服务流程检测表）

【知识链接】

韩国、日本的饮茶习俗

韩国的茶文化从新罗时代（668年）算起，已延续数千年。在韩国，“茶礼”是指农历每月的初一、十五的白天举行的祭礼，是一种庄重的仪式，而不一定是喝茶，也不一定有茶。

韩国茶道以煮茶法和点茶法为主。受我国宋代茶艺影响，韩国茶艺以“和、敬、俭、真”为基本精神，其中，“和”要求人们心地善良，“敬”指尊重别人、以礼待人，“俭”则指俭朴廉正，“真”即为人正派、以诚相待。传统茶以大麦茶最为出名。由于气候和地理环境等原因，韩国人的饮食多以烧、烤、煎、炸为主，给肠胃带来一定负担，饮用大麦茶，恰好可以“缓解”“化解”，去油、解腻，起到健脾胃、助消化的作用。

日本人的饮茶史则可以上溯至唐代。日本茶道要求环境优雅，煮茶、泡茶、品茶的程序严格。茶道一般在茶室中进行，接待宾客时，待客入座，再由主持仪式的茶艺师点炭火、煮开水、冲茶或抹茶，然后献给宾客。宾客需恭敬地双手接茶，先致谢，尔后三转茶碗，清品、慢饮、奉还。饮茶完毕，按照习惯，客人要对茶具进行鉴赏、赞美。最后，客人向主人跪拜告别。

日本人喝茶，以绿茶为主，其中麦茶尤为受欢迎。麦茶与其他谷类混合，在中医学中素有消炎、润肌等功效之说。所以日本人喝茶并非只是为了消暑解渴，同时也为了保健。

【课后作业】

散客梁先生一行5个人前来茶馆消费。请分小组讨论后完成任务表，并模拟操作。

小组		组长	
工作任务			
具体分工			
模拟流程			
活动总结 （不少于200字）			
自评			
小组评			
教师评			

表 1：活动实施步骤说明

序号	步骤	操作及说明	标准
1	准备工作	①清洁大厅地面卫生。	①所负责区域干净整洁。
		②整理茶桌，保持干净整齐。检查所配置的茶具数量是否正确，有无破损。	②所负责区域的茶桌、茶具配套完整，清洁干净。
		③核对订单。	③核对预订情况。
		④整理仪容仪表。	④整理好仪容仪表，着装规范。
		⑤播放背景音乐。	⑤会选播茶艺馆背景音乐。
2	迎宾	①站立于门口。	①微笑问候，引领宾客。
		②见到客人，主动上前问好。	②走在客人左前方或右前方1米处。
		③询问是否有预订，根据预订情况引领客人入座。	③引领到茶桌前，为客人拉椅，向客人行30度鞠躬礼。
		④离开前说祝福语。	④预祝客人："祝各位在此度过一段愉快的时光"。三步转身离开。
3	备具	①根据宾客人数备好茶具。	一人一茶具。
		②煮水。	
4	上迎宾茶	①准备热毛巾。	①毛巾是温热的。
		②根据人数上迎宾茶。	②为宾客下茶单后，复述一遍客人所点的茶品，包括数量、口味及特殊要求。
		③为客人下茶单。	③下单时，站在客人右后方半步处，侧身面对客人，适当弯腰，与客人的距离约45厘米。
5	推销茶品	①根据营销策略推销茶品。	简单介绍茶点与茶的搭配知识。
		②了解宾客需求，推荐茶品。	
6	冲泡服务	①为宾客冲泡茶叶。	在宾客饮茶过程中，能够及时为宾客添茶、换茶。
		②适时为宾客添茶、换茶。	
7	送客	①核对茶单。	①为宾客买单时，再次核对人数是否相符。
		②目测茶具的使用情况。	②检查物品、器皿有无破损。
		③提供收银服务。	③询问买单方式，检查折扣券、面值券是否过期。
		④送别客人。	④送客时能用姓氏、职务向客人道别。

表 2：大厅茶事服务流程检测表

茶艺师：　　　　　　　　　　　　　　　班级：

序号	举证内容	举证标准	评判结果	
			是	否
1	准备工作	①所负责区域干净卫生。		
		②所负责区域的茶桌、茶具配套完整，清洁干净。		
		③核对预订情况。		
		④整理好仪容仪表，着装规范。		
		⑤会选播茶艺馆背景音乐。		
2	迎宾	①微笑问候，引领宾客。		
		②走在客人左前方或右前方1米处。		
		③引领到茶桌前，为客人拉椅，向客人行30度鞠躬礼。		
		④能预祝客人："祝各位在此度过一段愉快的时光"。		
		⑤三步转身离开。		
3	备具	①一人一茶具。		
4	上迎宾茶	①毛巾是温热的。		
		②为宾客下茶单后，复述一遍客人所点的茶或茶点，包括数量、口味及特殊要求。		
		③下单时，站在客人右后方半步处，侧身面对客人，适当弯腰，与客人的距离约45厘米。		
5	推销茶品	简单介绍茶点与茶的搭配知识。		
6	泡茶	在宾客饮茶过程中，能够及时为宾客添茶、换茶。		
7	送客	①为宾客买单时，再次核对人数是否相符。		
		②检查物品、器皿有无破损。		
		③询问买单方式。		
		④检查折扣券、面值券是否过期，能告知用法。		
		⑤送客时能用姓氏、职务向客人道别。		

检查人：　　　　　　　　　　　　　　　时间：

02 独立茶室茶事服务

【学习目标】

1. 能描述独立茶室茶事服务的基本流程。
2. 能为客人做好独立茶室茶事服务。

【核心概念】

独立茶室服务：独立茶室是一个相对私密的空间，茶艺师在进行茶事服务时，除了要按照一般的接待流程操作外，还需要时刻观察客人的需求，为其提供个性化的服务。

【基础知识：独立茶室茶事服务基本流程】

独立茶室茶事服务应包括以下步骤：

一、准备工作

- 做好独立茶室的环境工作。保证独立茶室的干净卫生，专用茶具清洁干净。选播背景音乐，打开灯光与空调设备，使茶室温馨整洁。
- 根据客人的预订要求做好独立茶室的茶具、茶叶准备。

二、服务工作

- 迎宾：在客人到达前五分钟，负责接待的茶艺师需要提前在独立茶室前迎宾。当看到客人时，要面带微笑，主动问好，带领客人进入独立茶室。
- 备具：茶艺师安排客人坐下后，根据客人的实际人数，进行增、撤茶具。保证每位客人都有一个品茗杯。

- 上迎宾茶：在客人还没有点茶单前，茶艺师要为客人送上热毛巾，端上一杯迎宾茶。
- 推销茶品：茶艺师应主动向客人推荐茶品。在推荐时，有特色的茶应做重点和相对详细介绍，请客人挑选。然后根据客人点的茶，向其推荐相应的茶点，简单介绍茶点与茶的搭配知识。
- 泡茶：茶艺师根据客人所点的茶品进行准备并冲泡。在客人饮茶过程中，及时为客人添茶。茶艺师还要能根据茶叶的特性、冲泡次数，以及客人饮茶的习惯，适时更换茶叶。
- 送客：茶艺师应使用姓氏、职务向客人道别，并运用礼貌用语："您慢走，感谢您的惠顾，期待您的再次光临"，随后后退3步，目送客人离开，以便给客人留下美好的印象。

【活动设计】

一、活动条件

独立茶室实训室；独立茶室茶事服务所用的开水、茶具、茶叶及其他用具；茶单、收银机。

二、安全与注意事项

茶具无破损；茶叶新鲜；随手泡摆放在不易碰撞之处，电源线板通电安全；斟茶时，避免茶水溅落到客人身上。

三、活动实施（见表1：活动实施步骤说明）

四、活动反馈（见表2：独立茶室茶事服务流程检测表）

【知识链接】

东南亚地区的饮茶习俗

东南亚主要的饮茶国家有越南、老挝、柬埔寨、缅甸、泰国、新加坡、马来西亚、印度尼西亚、菲律宾、文莱等。受华人饮茶风习影响，这些国家历来就有饮茶习俗。其饮茶方式也多种多样：既有饮绿茶、红茶的，也有饮乌龙茶、普洱茶、花茶的；既有饮热茶的，也有饮冰茶的；既有饮清茶的，也有饮调味茶的。

新加坡和马来西亚盛行肉骨茶，即一边啃肉骨，一边喝茶。肉骨多选用新鲜带瘦肉的排骨，也有用猪蹄、牛肉或鸡肉的。烧制时，肉骨先用作料进行烹调，文火炖熟。有的还会放上党参、枸杞、熟地等名贵滋补药材，使肉骨变得更加清香味美，而且能补气生血，富有营养。

茶叶则大多选用福建产的乌龙茶，如大红袍、铁观音之类。如今，肉骨茶已成为一种大众化的食品，在新加坡、马来西亚，以及中国香港等地的一些超市内，都可以买到适合自己口味的肉骨茶配料。

与云南省接壤的泰国北部地区，则有吃腌茶的风俗，其制作方法与云南少数民族的腌茶一样，通常在雨季腌制。腌茶，其实是一道菜，食用时将它与香料拌和，然后放进嘴里细嚼。因当地气候炎热，空气潮湿，而腌茶的口感又香又凉，故相沿成俗，成了当地世代相传的一道家常菜。

越南毗邻中国广西，两者在饮茶风俗上有不少相似之处。此外，他们还喜欢饮一种玳玳花茶。玳玳花的花蕾洁白馨香，越南人喜欢把其晒干后，放上3～5朵，和茶叶一起冲泡饮用。由于这种茶是由玳玳花和茶两者共同制成，故名玳玳花茶，有止痛、去痰、解毒等功效。一经冲泡后，绿中透出点点白的花蕾，煞是好看，且喝起来芳香可口。如此饮茶，饶有情趣。

【课后作业】

VIP客人赵小姐带领该公司的客人前来茶馆谈生意，一行3人，要求茶馆为其准备特色包间，并提供茶艺表演服务。请分小组讨论后完成任务表，并模拟操作。

小组		组长	
工作任务			
具体分工			
模拟流程			
活动总结（不少于200字）			
自评			
小组评			
教师评			

表 1：活动实施步骤说明

序号	步骤	操作及说明	标准
1	准备工作	①清洁大厅及独立茶室地面卫生。	①所负责区域干净整洁。
		②整理茶桌，保持干净整齐。检查所配置的茶具数量是否正确，有无破损。	②所负责区域的茶桌、茶具配套完整，清洁干净。
		③核对订单。	③核对预订情况。
		④整理仪容仪表。	④整理好仪容仪表，着装规范。
		⑤播放背景音乐。	⑤会选播茶艺馆背景音乐。
2	迎宾	①站立于门口。	①微笑问候，引领宾客。
		②见到客人，主动上前问好。	②走在客人左前方或右前方1米处。
		③询问是否有预订，根据预订情况引领客人入座。	③引领到茶桌前，为客人拉椅，向客人行30度鞠躬礼。
		④离开前说祝福语。	④预祝客人："祝各位在此度过一段愉快的时光"。三步转身离开。
3	备具	①根据人数备好茶具。 ②煮水。	一人一茶具。
4	上迎宾茶	①准备热毛巾。	①毛巾是温热的。
		②根据人数上迎宾茶。	②为宾客下茶单后，复述一遍客人所点的茶品，包括数量、口味及特殊要求。
		③为客人下茶单。	③下单时，站在客人右后方半步处，侧身面对客人，适当弯腰，与客人的距离约45厘米。
5	推销茶品	①根据营销策略推销茶品。 ②了解宾客需求，推荐茶品。	简单介绍茶点与茶的搭配知识。
6	冲泡服务	①为宾客冲泡茶叶。 ②适时为宾客添茶、换茶。	在宾客饮茶过程中，能够及时为宾客添茶、换茶。
7	送客	①核对茶单。	①为宾客买单时，再次核对人数是否相符。
		②目测茶具的使用情况。	②检查物品、器皿有无破损。
		③提供收银服务。	③询问买单方式，检查折扣券、面值券是否过期。
		④送别客人。	④送客时能用姓氏、职务向客人道别。

表2：独立茶室茶事服务流程检测表

茶艺师：　　　　　　　　　　　　　　　　班级：

序号	举证内容	举证标准	评判结果	
			是	否
1	准备工作	①所负责区域干净卫生。		
		②所负责区域的茶桌、茶具配套完整，清洁干净。		
		③核对预订情况。		
		④整理好仪容仪表，着装规范。		
		⑤会选播茶艺馆背景音乐。		
2	迎宾	①微笑问候，引领宾客。		
		②走在客人左前方或右前方1米处。		
		③引领到茶桌前，为客人拉椅，向客人行30度鞠躬礼。		
		④能预祝客人："祝各位在此度过一段愉快的时光"。		
		⑤三步转身离开。		
3	备具	①一人一茶具。		
4	上迎宾茶	①毛巾是温热的。		
		②为宾客下茶单后，复述一遍客人所点的茶或茶点，包括数量、口味及特殊要求。		
		③下单时，站在客人右后方半步处，侧身面对客人，适当弯腰，与客人的距离约45厘米。		
5	推销茶品	简单介绍茶点与茶的搭配知识。		
6	泡茶	在宾客饮茶过程中，能够及时为宾客添茶、换茶。		
7	送客	①为宾客买单时，再次核对人数是否相符。		
		②检查物品、器皿有无破损。		
		③询问买单方式。		
		④检查折扣券、面值券是否过期，能告知用法。		
		⑤送客时能用姓氏、职务向客人道别。		

检查人：　　　　　　　　　　　　　　　　时间：

03 会议厅茶事服务

【学习目标】

1. 能描述会议厅茶事服务的基本流程。
2. 能为宾客做好会议厅茶事服务。

【核心概念】

会议厅茶事服务：茶馆在承办主题会议期间，安排茶艺师为参加会议的宾客所提供的各种服务的总和。

【基础知识：会议厅茶事服务基本流程】

会议厅茶事服务应包括以下步骤：

一、接受任务，做好准备工作

- 根据订单人数，将所需要的各种茶具准备好，并根据订单准备好茶叶。
- 铺好会议桌布，围上台裙。将每套茶具整齐地摆放在与会者的桌面。
- 准备好煮水用具或保温加热用具。
- 检查桌面是否整洁，各种茶具是否干净齐全，摆放是否合理。

二、服务工作

- 茶艺员应于客人抵达前15分钟站立于会议室门口或指定位置迎宾。
- 茶艺员应协助主办方提醒客人随时保管好自己的物品，以防丢失。
- 茶艺员应于客人入座前将茶沏好，并注意倒水顺序：先宾后主，先女后男，从左至右；给客人上茶时必须要有手势示意。

- 会议期间，茶艺员应每隔20分钟续水一次（主席台为15分钟，并指定专人服务）。
- 大型会议从第一排开始倒水，一人负责一行或一区，避免从主席台前反复穿过。
- 倒茶时，茶艺员须左手执茶壶、右手托壶于胸前，走路稳，步子轻，动作协调。
- 从会议桌后倒茶时，茶艺员应侧身以右手中指、无名指夹住杯盖，大拇指、食指拿起杯把并后退一步，与宾客保持距离。倒水以七八分满为宜。斟完后，上前一步将茶放回原处，盖好杯盖，面带微笑，伸手示意，或说“请用茶”，然后进行下一位。从会议桌前倒茶时，则左右手的动作相反。
- 会议结束后，茶艺员应检查会场，如发现客人遗留物品，应马上汇报；待客人全部离开后才可以撤台，并将桌椅恢复原型，摆放整齐；检查电源、门窗，做好服务日记。

【活动设计】

一、活动条件

会议厅（茶艺馆）实训室；会议厅茶事服务所用的开水、茶具、茶叶及其他用具。

二、安全与注意事项

茶具无破损；茶叶新鲜；随手泡摆放在不易碰撞之处，电源线板通电安全；斟茶时，避免茶水溅落到客人身上。

三、活动实施（见表1：活动实施步骤说明）

四、活动反馈（见表2：会议厅茶事服务流程检测表）

【知识链接】

会见厅的布置、席位安排及服务

1. 布置会见厅。会见厅的布置一般依据会见人数的多少、客厅面积的大小、客厅形状而决定。通常情况下，规模为十几人左右的会见，可将沙发或扶手椅布置成马蹄形、凹字形；规模较大的会见，可将桌子和扶手椅布置成丁字形。会见时如需要合影，应根据会见人数准备好照相机及配件，合影背景一般为屏风或挂图。

2. 安排席位。根据实际情况，或宾主各坐一边，或穿插坐在一起。我国的习惯做法为：

- 客人一般坐在主人的右边。
- 翻译人员、记录员安排坐在主人和主宾后面。
- 其他客人按身份在主宾一侧顺序就座。

- 主方陪见人在主人一侧就座。

3. 会见厅服务。注意事项如下：

- 会见厅服务用品包括茶杯、垫碟、烟灰缸、便签、火柴、圆珠笔或铅笔等。除茶杯外，其他用品在会见开始前半小时，应按规格摆放在茶几或长条桌上。
- 招待用品通常优先配置烟、茶水，夏季有时可以冷饮招待。
- 香烟应在会见前摆好，茶水或冷饮则在客人就座后再摆上。
- 参加会见的主人一般会在会议开始前半小时到达活动现场，服务员应用小茶杯为其上茶。宾客到达时，主人会到门口迎接并合影。利用这个间隙，服务员应迅速将小茶杯撤下。
- 上茶时，杯把应一律朝向宾客右手一侧，要热情地用语言表达“请”。
- 会见时间较长时，应为主人和每位客人送上一块热毛巾。
- 每隔40分钟左右，为会见双方续一次茶水。续水时，服务员应用左手的小指和无名指夹住杯盖；用大拇指、食指和中指握住杯把，将茶杯端起；侧身，腰略弯曲；续水后盖上杯盖。
- 续水时应注意勿过快过满，以免开水溅出杯外，烫到客人或溢到茶几上。
- 在会见进行过程中，服务员要注意随时观察厅内的动静，宾主有事招呼，要及时回应，并协助处理。
- 会见结束后，服务员应检查活动现场，如发现宾客遗忘物品，须立即与客人联系，尽快物归原主；如客人已离开，可于办理手续后由主办单位代为转交。

【课后作业】

广茶红有限公司将于28日在茶馆召开30人的年终总结会。请分小组讨论应如何进行接待服务，完成任务表，并模拟操作。

小组		组长	
工作任务			
具体分工			
模拟流程			
活动总结 （不少于200字）			
自评			
小组评			
教师评			

表 1：活动实施步骤说明

序号	步骤	操作及说明	标准
1	准备工作	①清洁会议室。	①所负责区域干净卫生。
		②整理茶桌，布置会议桌。检查所配置的茶具数量是否正确，有无破损。	②所负责区域的茶桌、茶具配套完整，清洁干净。
		③整理仪容仪表。	③整理好仪容仪表，着装规范。
		④播放背景音乐。	④会选播茶艺馆背景音乐。
2	会议期间	①茶艺师站立于会议室门口或指定位置迎送参加会议宾客。	①提醒客人随时保管好自己的物品。
			②倒水顺序：先宾后主，先女后男，从左至右。
			③给客人上茶有手势示意。
			④每隔20分钟续水一次。主席台15分钟续水一次。
			⑤倒茶时，须左手执壶，右手托壶于胸前。
		②将茶沏好，奉茶。	⑥服务时走路要稳，步子要轻，动作协调。
			⑦从会议桌后倒茶时，侧身用右手中指、无名指夹住杯盖，大拇指、食指拿起杯把并后退一步。
		③续水。	⑧倒茶以七八分满为宜，斟完后，上前一步将茶放回原处，盖好杯盖。
			⑨面带微笑，伸手示意，或说“请用茶”，然后进行下一位。
3	会议结束	①复场。	①恢复茶艺馆原本的摆设。
		②清洁。	②清洁场地卫生。
		③检查。	③检查客人有无遗漏物品。检查电源、门窗。
		④记录。	④记录当天服务情况。

表 2：会议厅茶事服务流程检测表

茶艺师：　　　　　　　　　　班级：

序号	举证内容	举证标准	评判结果	
			是	否
1	准备工作	①所负责区域干净卫生。		
		②所负责区域的茶桌、茶具配套完整，清洁干净。		
		③核对预订情况。		
		④整理好仪容仪表，着装规范。		
		⑤是否播放背景音乐。		
2	会议期间	①是否提醒客人随时保管好自己的物品。		
		②倒水顺序：先宾后主，先女后男，从左至右。		
		③给客人上茶时是否有手势示意。		
		④每隔20分钟续水一次。主席台15分钟续水一次。		
		⑤拿茶壶倒茶时，左手执壶，右手托壶于胸前。		
		⑥服务时走路要稳，步子要轻，动作协调。		
		⑦从桌后倒茶时，侧身用右手中指、无名指夹住杯盖，大拇指、食指拿起杯把并后退一步。		
		⑧倒茶以七八分满为宜，斟完后，上前一步将茶放回原处，盖好杯盖。		
		⑨面带微笑，伸手示意，或说“请用茶”，然后进行下一位。		
3	会议结束	①恢复茶艺馆原本的摆设。		
		②清洁场地卫生。		
		③检查客人有无遗漏物品。检查电源、门窗。		
		④记录当天服务情况。		

检查人：　　　　　　　　　　时间：

04 餐厅茶事服务

【学习目标】

1. 能描述餐厅茶事服务的基本流程。
2. 能为宾客做好餐厅茶事服务。

【核心概念】

餐厅茶事服务：宾客在用餐过程中，餐厅安排茶艺师在用餐期间为宾客所提供的各种服务的总和。

【基础知识：餐厅茶事服务基本流程】

餐厅茶事服务应包括以下步骤：

一、准备工作

准备好茶具、茶叶；准备好水。

二、服务工作

- 热情、礼貌地向到达服务区域的客人问好。
- 将餐椅轻轻拉开，并为一至二位客人拉椅示坐（遵循先宾后主次序）。
- 为宾客点单时，茶艺员应站在客人右后方半步处，侧身面对客人，并适当弯腰，与客人间的距离保持在45厘米为宜；根据客人的需求，向其推荐茶品。
- 冬天须现冲泡，保证茶水的温度，夏天则可提前冲泡1/3壶水，以免烫着客人。
- 斟茶时以7分满为宜，并且使用语言“请用茶”。
- 为宾客买单时，再次核对人数是否相符，折扣券、面值券首先确认是否过期，并熟悉掌握其用法。

● 送客时尽量使用姓氏、职务向客人道别，运用礼貌用语："您慢走，感谢您的惠顾，期待您的再次光临"。

【活动设计】

一、活动条件

中餐厅实训室；餐厅茶事服务所用的开水、茶具、茶叶及其他用具；茶单、收银机。

二、安全与注意事项

茶具无破损；茶叶新鲜；随手泡摆放在不易碰撞之处，电源线板通电安全；斟茶时，避免茶水溅落到客人身上。

三、活动实施（见表1：活动实施步骤说明）

四、活动反馈（见表2：餐厅茶事服务流程检测表）

【知识链接】

餐厅服务

一、上菜前的准备工作

1. 查看客人所点的菜单，准备好上菜所需用品。

2. 将客人所点酒水按要求斟好，并将茶杯撤下。如果客人不要茶水的，可帮其换大水杯上。

3. 准备好第二道毛巾（带毛巾船），按顺序放在客人的左手边。

4. 如果点的鱼、虾、蟹多的话，应多准备骨碟与小毛巾。

5. 如果点的汤水多的话，应多准备汤勺。

二、巡台服务

1. 上：上冷盘或拼盘；上汤；上热菜；上主食；上果盘；包尾茶。

注意事项：上菜时要报菜名，"这是***菜，请您慢用"，报菜名时应挺直上身，左手背在背后，右手伸出来做请的手势，眼睛要慢慢的巡视到每一位客人的位置，不能只盯着一个人说话。上菜前要先整理好台面，腾出上菜的位置或者上其他东西的空位，杜绝一手拿菜盆、一手去整理台面的坏习惯。上果盘前，应该把空菜盘以及桌面上多余的杯碟收走，再上一套骨碟、小叉。上果盘前，每人上一杯热茶。

2. 收：收小毛巾；收茶杯；收空汤碗。

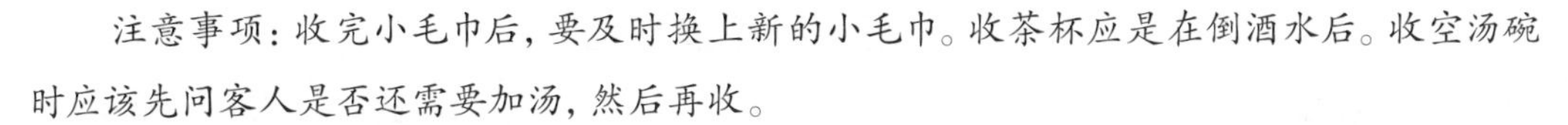

注意事项：收完小毛巾后，要及时换上新的小毛巾。收茶杯应是在倒酒水后。收空汤碗时应该先问客人是否还需要加汤，然后再收。

3. 添：添酒水；添饭；添菜。

注意事项：要时刻注意客人喝酒的速度，当酒杯剩下三分之一时，就应该主动去帮客人添酒水。添酒水应从主人左手边的客人开始，这样便于酒水用完时，询问主人是否还需要添酒水。留意客人的饭与菜，当剩下三分之一到四分之一时，应主动询问客人是否需要添加。

【课后作业】

广州酒店早茶时间在7:30~11:30，请编创餐厅茶事服务情境并模拟。

小组		组长	
工作任务			
具体分工			
模拟流程			
活动总结 （不少于200字）			
自评			
小组评			
教师评			

表1：活动实施步骤说明

序号	步骤	操作及说明	标准
1	准备工作	①根据人数准备好茶具、茶叶。 ②备好泡茶用的热水。	①茶具数量正确。 ②茶叶品种齐全。 ③泡茶用水是开水。
2	餐厅茶事服务	①热情、礼貌地向客人问好。 ②轻拉餐椅，并为1～2位客人拉椅示坐。 ③为宾客点单。 ④冲泡，奉茶。 ⑤为宾客买单。 ⑥送客。	①为客人拉椅，能遵循先宾后主次序。 ②站在客人右后方半步处，侧身面对客人。 ③询问客人时，适当弯腰，与客人间的距离保持在45厘米。 ④根据客人的需求，向其推介茶品。 ⑤斟茶为7分满。 ⑥使用礼貌用语。 ⑦核对人数。 ⑧提醒客人使用折扣券、面值券。熟悉折扣券的用法。 ⑨道别时用姓氏或职务向客人道别。 ⑩能运用礼貌用语送别客人。

表2：餐厅茶事服务流程检测表

茶艺师：　　　　　　　　　　　　班级：

序号	举证内容	举证标准	评判结果	
			是	否
1	准备工作	①茶具数量正确。		
		②茶叶品种齐全。		
		③泡茶用水是开水。		
2	服务期间	①为客人拉椅，能遵循先宾后主次序。		
		②站在客人右后方半步处，侧身面对客人。		
		③询问客人时，适当弯腰，与客人间的距离保持在45厘米。		
		④根据客人的需求，向其推介茶品。		
		⑤斟茶时是7分满。		
		⑥使用礼貌用语进行服务。		
		⑦核对人数。		
		⑧提醒客人使用折扣券、面值券。熟悉折扣券的用法。		
3	结束服务	①道别时用姓氏或职务向客人道别。		
		②能运用礼貌用语送别客人。		

检查人：　　　　　　　　　　　　时间：

第二节 环境准备

【学习目标】

1. 能描述茶艺馆环境卫生准备的标准。

2. 能根据标准控制好环境卫生，做好茶桌、茶具、茶叶的准备，让宾客感受到干净、整洁、舒服的环境。

【核心概念】

环境卫生控制：环境卫生是茶馆经营当中必不可缺的要素之一，厅面经营区域的卫生状况将直接影响客人对茶馆的总体印象，独立茶室的卫生情况则决定了茶艺馆的个性化特色。

【基础知识：环境卫生制度】

环境是茶艺馆给予宾客最直接的感官服务，最能凸显茶艺馆文化特色。因此，在正式营业前，茶艺师需有意识地对茶艺馆的卫生做好管理。厅面经营区域的卫生状况，将直接影响客人对茶馆的总体印象，而独立茶室的卫生情况则决定了茶艺馆的个性化特色，因此，好的环境卫生是提升茶艺馆档次的有效手段。

一、大厅、厅房茶座卫生制度

- 茶桌椅整洁，地面清洁，玻璃光亮。
- 每天清扫两次，每周大扫除一次，达到“三无”（无蚊子、无蜘蛛、无苍蝇）标准。
- 不销售变质、生虫茶品。
- 客人使用过的茶具要洗净、消毒、保洁。

● 茶艺师上班时要穿戴整洁的茶艺工作服，工前、便后洗手消毒。

● 茶壶内无水垢，泡茶的矿泉水必须煮沸。

● 茶艺师工作时禁止戴戒指、手链，禁止涂指甲。

二、仓库卫生管理制度

● 茶品仓库实行专用，并设有防鼠、防蝇、防潮、防霉、通风、冷藏、消毒的设施及措施，抽风、抽湿设备运转正常。

● 茶品应分类、分架，有明显标识，并根据不同茶品的要求，及时冷藏、冷冻保存。

● 建立仓库进出库专人验收登记制度，做到勤进勤出、先进先出，定期清仓检查，防止茶品过期、变质、霉变、生虫，并提前清理不符合卫生要求的茶品。

● 茶品不得与气味过于浓郁的食材、药品等物品混放。

● 茶品仓库应经常开窗通风，定期一周清扫一次，并且保持干燥和整洁。

三、茶品销售卫生制度

● 销售进货时已包装好的茶品，其商标上应有品名、厂名、厂址、生产日期、保存期（保质期）等内容，进货时向供货方索取茶品卫生监督机构出具的检验报告单，严禁购销产品标识不全或现售现贴商标的茶品。

● 所销售的茶品必须无异味、无霉味，禁止出售变质、生虫、掺假、掺杂、超过保存期或其他不符合茶品卫生标准和规定的茶品。

● 出售直接入口的散装茶品，应进行小包分装，使用无毒、无味、清洁的包装材料，禁止使用废旧报纸包装茶品，所用工具班前应彻底清洗、消毒。

四、茶馆卫生检查制度

● 店长要坚持每天进行公共区域的卫生检查。茶艺师应将检查茶具、茶品的卫生质量纳入工作范围。

● 各部门每周进行一次卫生检查。

五、茶馆除害的卫生制度

● 库房门坎应设立高50厘米、表面光滑、门框及底部严密的防鼠板。

● 发现老鼠、蟑螂及其他害虫应即时杀灭，24小时开亮灭蚊灯。

● 发现鼠洞、蟑螂滋生穴，应即时投药、清理，并用硬质材料进行封堵。

【活动设计】

一、活动条件

● 拍摄茶艺馆内每个角落的卫生情况，讲述卫生要求。

- 观看茶艺馆卫生清洁的视频，确定清洁卫生的步骤。
- 展示干净、整洁、舒适的茶艺馆图片或微电影。

二、安全与注意事项

茶具无破损；茶叶新鲜；清洁时，正确使用清洁剂；清洁时，佩戴手套。

三、活动实施（见表1：活动实施步骤说明）

四、活动反馈（见表2：茶艺馆环境卫生检测表）

【知识链接】

茶艺师的职业道德与素质准备

一、茶艺师的职业道德

所谓职业道德，就是从事一定职业的人们在工作和劳动过程中，所应遵循的与其职业活动紧密联系的道德原则和规范的总和。职业道德是社会道德的重要组成部分，它作为一种社会规范，具有具体、明确、针对性强等特点。

遵守职业道德，有利于提高茶艺人员的道德素质、修养。茶艺人员个人良好的职业道德素质和修养是其整体素质和修养的重要组成部分，它能够激发茶艺人员的工作热情和责任感，使茶艺从业人员努力钻研业务、热情待客、提高服务质量。有利于形成茶艺行业良好的职业道德风尚。茶艺行业作为一种新兴行业，要树立良好的职业道德风尚，成为服务行业的典范，不可能再一朝一夕形成。它必须依靠加强茶艺人员的职业道德教育，使全体茶艺从业人员遵守职业道德来逐步形成。有利于促进茶艺事业的发展。茶艺从业人员遵守职业道德能够提高茶艺从业人员的工作效率，提高经济效益，从而促进茶艺事业的发展。

茶艺师的职业道德在整个茶艺工作中具有重要作用，它反映了道德在茶艺工作中的特殊内容和要求，不仅包括具体的职业道德要求，还包括反映职业道德本质特征的道德原则。

在职业道德体系中，包含着一系列职业道德规范，而职业道德的原则，就是这一系列道德规范中所体现的最根本的、最具代表性的道德准则，它是茶艺从业人员进行茶艺活动时，应该遵守的最根本的行为准则，是指导整个茶艺活动的总方针。职业道德原则不仅是茶艺从业人员进行茶艺活动的根本指导原则，而且是对每个茶艺工作者的职业行为进行职业道德评价的基本标准。同时，职业道德原则也是茶艺工作者茶艺活动动机的体现。如果一个人从保证茶艺活动全局利益出发，另一个人则从保证自己的利益出发，即二人同样遵守了规章制度，但贯穿于他们行动之中的动机不同，他们所体现的道德价值也是不一样的。

热爱本职工作，是一切职业道德最基本的要求。热爱茶艺工作作为一项道德原则首先是一个道德认识问题，如果对茶艺工作的性质、任务以及它的社会作用和道德价值等毫无了解，那就不是真正的热爱。

二、茶艺师的素质准备

品德 茶艺师具备良好的职业道德素质和修养能够激发其工作热情和责任感，影响服务质量。提供优质的服务也是茶艺师获得良好心情和工作提升的最好方式。因此茶艺师要正确认识“我为人人，人人为我”的现代社会服务模式，培养自己对茶艺服务这一以人际交往为特征的职业的感情和兴趣，以极大的热情投入到工作中去，积极做好服务工作。

健康 茶艺服务工作直接面对服务宾客，因此茶艺师应该要有健康的体格，无传染病，能始终保持旺盛的精力，同时要有敏捷的思维能力，能针对不同的顾客、不同的情况，及时采取应变措施。要以良好的心态给顾客带来愉悦感受，在服务工作中可能会遇到各种各样的委屈，因此服务人员要具备一定的忍耐力和承受力，树立“顾客第一”的思想。

业务 茶艺师不仅要为顾客选好茶、泡好茶，还要向大众宣传饮茶讲科学、品茶讲艺术的理念。因此，茶艺师首先应了解各类茶的制作过程，了解中国名茶的产地及特征，并掌握各类茶叶的冲泡要求。同时，还要了解各地、各民族的饮茶习俗。茶艺师还要了解茶馆企业的基本情况，熟练地运用服务礼仪、服务规范，保持良好的精神面貌和仪表形态。要正确处理应急情况，遇事镇定，熟练地运用既定的原则和程序。

【课后作业】

如何完成茶馆卫生控制工作任务？请从以下两个方面进行分析。

1. 营业前如何检查茶具的卫生是否符合要求？

——应仔细检查每一个茶杯、盖碗、公道杯，保证无缺口、无裂缝、无茶渍、无水痕；煮水的茶壶内胆应无水垢；茶巾、茶床边角应无茶渍、污渍、尘渍；茶道六君子应擦拭干净，显示出原木的颜色，且凹位不藏尘渍。

2. 当班时如何检查公共区域、卫生间的卫生情况？

——检查门店、大门、大厅、厅房的公共区域卫生，确保地面无杂物、无灰尘，所有平面看不到尘埃；检查卫生间卫生，确保地面无水滴，空间无异味，厕所便池及蹲厕无尿渍、无便渍，洗手盆无褐色水垢，水龙头出水正常且无漏水现象，盛装洗手液的瓶内液量充足、按压泵运作正常，擦手纸、卫生纸备足，干手器感应工作正常。

表 1：活动实施步骤说明

序号	步骤	操作及说明	标准
1	茶具清洁	①准备清洁剂。	①茶具数量正确。
		②整理茶具。	②茶叶品种齐全。
		③清洗常用茶具。	③泡茶用水是开水。
2	茶馆 环境清洁	①准备清洁剂及清洁抹布。	①茶桌椅整洁，无杂物、无灰尘。
			②地面干净，没有垃圾。
		②分区域，确定区域负责人。	③窗户玻璃光亮、无水痕。
			④桌面茶具干净、摆放整齐。
		③清洁茶馆。	⑤展示架或展示柜的物品干净、无灰尘。
2	茶艺师个人 卫生清洁	①洗手。	①茶服整洁、干净。
		②整理茶服，及时换洗。	②禁止佩戴戒指及其他配饰。
		③检查配饰。	③禁涂指甲。

表 2：茶艺馆环境卫生检测表

茶艺师： 班级：

序号	举证内容	举证标准	评判结果	
			是	否
1	茶具检查	①茶具要做到干燥。		
		②茶具要做到无茶渍。		
		③茶具要做到无水痕。		
		④茶具要做到无缺口。		
		⑤茶具要做到无裂缝。		
2	茶馆 卫生检查	①茶桌椅整洁，无杂物、无灰尘。		
		②地面干净，没有垃圾。		
		③窗户玻璃光亮、无水痕。		
		④桌面茶具干净、摆放整齐。		
		⑤拿茶壶倒茶时，左手执壶，右手托壶于胸前。		
3	茶艺师个人 卫生检查	①茶服整洁、干净。		
		②禁止佩戴戒指及其他配饰。		
		③禁涂指甲。		

检查人： 时间：

01 微笑迎宾

【学习目标】

1. 能描述迎宾的基本流程。
2. 能面带微笑迎接宾客。

【核心概念】

微笑服务：为了更好地体现茶馆的特色，让宾客感受到茶艺之美，了解到茶文化的丰富内涵，作为与客人的第一次接触，茶艺师在进行迎宾服务时就要体现出“礼、雅、柔、美”的基本要求。

【基础知识：迎宾的基本流程】

茶艺师在迎宾服务过程中，应按照迎宾流程做好基础服务工作，具体如下图：

茶艺师在迎宾服务时应表现出以下状态：

- 礼。服务过程中，要注意礼貌、礼仪、礼节，以礼待人，以礼待茶，以礼待器，以礼待己。
- 雅。茶乃大雅之物，茶艺师的语言、动作、表情、姿态、手势等要符合“雅”的要求，努力做到言谈文雅，举止优雅，尽可能地与茶叶、茶艺、茶艺馆的环境相协调，给顾客一种高雅的享受。
- 柔。茶艺师在服务时，动作要柔和，说话语调要轻柔、温柔、温和，展现柔和之美。
- 美。茶艺师的美体现在服装、言谈举止、礼仪礼节、品行、职业道德、服务技巧等各个方面。迎宾服务过程中，茶艺师可以注意观察宾客的情绪，通过适当的言行调整他们的心态，让宾客在踏进茶艺馆时就拥有一个美好的开始。

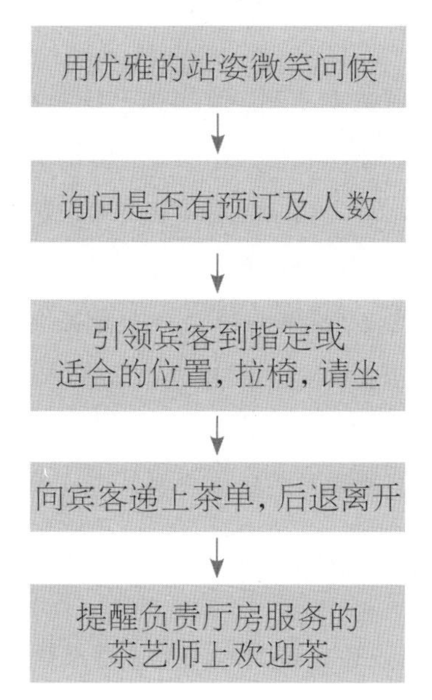

【活动设计】

一、活动条件

在形体室进行实训；准备桌椅；女茶艺师穿高跟鞋，男茶艺师穿皮鞋；播放音乐。

二、安全与注意事项

播放音乐，设备正常；桌椅无破损。

三、活动实施（见表1：活动实施步骤说明）

四、活动反馈（见表2：茶艺师仪态评分表）

【知识链接】

茶艺师的化妆技巧

化妆，是一种通过对美容用品的使用，来修饰仪容、美化形象的行为。简单地说，化妆就是有意识、有步骤地来为自己美容。化妆是生活中的一门艺术，适度而得体的化妆，可以体现女性端庄、美丽、温柔、大方的独特气质。在参加茶道活动时，适当的化妆有助于改善茶艺师的仪表，特别是在进行表演型茶艺活动时，人们的注意力高度集中于表演者，故合适的化妆可以强化表演的效果。

化妆的目的是突出容貌的优点，掩饰缺陷。但是茶艺从业者在化妆时一般以自然为原则，宜化淡妆，使五官比例匀称协调、恰到好处即可，忌化浓妆。

一、茶艺师的化妆原则

- 美化。化妆意在使人变得更加美丽，因此在化妆时要注意避短藏拙，适度矫正，修饰得法。在化妆时不要任意发挥，寻求新奇，有意无意让自己老化、丑化、怪异化。
- 自然。通常，化妆既要求美化、生动、具有生命力，更要求真实、自然。化妆的最高境界，是“妆成有却无”，即妆后没有人工美化的痕迹，其美丽似自然天成。
- 得法。化妆虽然讲究个性化，但其基本技巧却是必须学习的。比方说，工作时宜化淡妆，社交时则可以稍浓些；香水不宜喷洒在衣服及容易出汗的地方；口红与指甲油最好选用同一色系，等等。
- 协调。高水平的化妆，强调的是其整体效果。所以在化妆时，应努力使妆面、全身、身份、场合都协调，以彰显不俗的品味。

二、化妆的基本步骤

茶道看重气质，所以表演者应适当修饰仪表。一般来说，女性宜淡妆，以表示对客人的尊重，其妆容以恬静素雅为基调，切忌浓妆艳抹，有失分寸——须知，来自内心世界的美才是美的最高境界。其基本步骤如下：

第一步，洗脸。用化妆棉沾化妆水轻拍肌肤，待其干后，再依序抹上味道清淡的乳霜。

第二步，上隔离霜或粉底。

第三步，画眉。以自然眉型为主，用眉刷将颜色均匀刷开。

第四步，涂眼影。涂眼影时，越靠眼睑处越深，越向眉毛处越浅。整体以清淡为主。

第五步，抹唇膏。以透明的自然风格为主，选择不过于艳丽的颜色，如粉嫩色系的口红或者唇蜜。

第六步，检查妆容。在光线较明亮处检查自己的妆容，看看有无不均匀的情形，特别是脖子跟脸上的肤色。

【课后作业】

为自己化淡妆，并记录化妆流程，拍摄化妆效果。

表 1：活动实施步骤说明

序号	步骤	操作及说明	标准
1	用优雅的站姿微笑问候	①脚跟合并，双手虎口交叉，挺直腰身。	①头发应梳洗干净、整齐。 ②头部前倾时，头发不会散落到前面。
		②面带微笑。	③工作时可化淡妆。 ④不能涂指甲。
		③女生用温柔的语气问候。	⑤配戴的饰物没有超过要求。
		④男生用轻柔的语气问好。	⑥茶服干净整洁。
2	询问是否有预订及预订人数	①询问是否预订、人数。	①是否有询问预订。
		②如有预订，查找记录本，并引领至预定位。	②是否有询问人数。
		③如无预订，询问人数与要求，根据要求引领至位置。	③是否有查找记录本。 ④是否有根据要求引领至位置。
3	引领宾客到指定或适合的位置，拉椅，请坐	①站立时，茶艺师双手自然垂直，呈半握拳状。	①在走动过程中，茶艺师引领宾客向右转弯时应右足先行，反之亦然。
		②手指自然弯曲，自然迈步，手臂自然前后摆动。	②离开转身时，应先退后两步再侧身转弯，不要当着宾客掉头就走。
		③行走中，上身要正、直，目光平视，面带微笑。 ④行走中，要用手势引领前进，让宾客了解方向。 ⑤到达位置后，为宾客拉开椅子约30厘米，“请坐”并伴以相同意思的下位手势。	③迎宾回位时，如需回应宾客的呼唤，则要转动腰部，脖子转回并身体随转，上身侧面，头部完全正对着后方，面带微笑，眼睛正视。
4	向宾客递上茶单，后退离开	①询问宾客是否点茶。	①是否有询问要点茶品。
		②双手递上茶单。	②是否有双手递上茶单。
		③根据客人要求下单。	③客人点茶时，是否有低腰记录。
		④点单结束，后退两步离开。	④点单结束后，是否有后退两步。
5	提醒厅房服务的茶艺师上欢迎茶	①走出包房后，关门。	①关门。
		②提醒包房茶艺师提供欢迎茶服务。	②提醒上欢迎茶。

表 2：茶艺师仪态评分表

茶艺师： **班级：**

序号	举证标准	评判结果	
		是	否
1	眼光自然，眼眸微笑。		
2	嘴角自然上扬，真心微笑。		
3	男茶艺师站立时，正面看，脚跟相靠，脚尖分开，呈45～60度；手指自然伸直、并拢，左手放在右手上，双目平视前方。 女茶艺师站立时，双脚并拢，右手张开，虎口略微握在左手上贴于腹前。		
4	行走时，上身正直，目光平视，面带微笑。		
5	行走时，颈直、肩平，体态放松。		
6	行走时，身体重心稍向前倾，由大腿带动小腿向前迈进。		
7	行走时，步幅适中，约一个脚长，行走路线为直线。		
8	手势引领时，手指自然并拢，左手或右手从胸前自然向左或向右前伸，随之手心向上。		
9	引领时，能讲“请这边走”“请坐”“祝您愉快”。		

检查人： **时间：**

02 做好仪态准备

【学习目标】

1. 能描述茶艺师的仪态要求。
2. 能做好茶艺师的仪态准备，并根据预订情况，引领宾客。

【核心概念】

仪态：仪态指人的行为中的姿势与风度，可分为静态与动态的仪态。姿势包括站立、行走、就座、手势和面部表情等，风度则是内在气质的外部表现。提高个人仪态、风度仪态可通过适当训练来实现。

【基础知识：茶艺师的仪态之美】

从中国传统的审美角度来看，人们推崇姿态的美高于容貌之美。古典诗词文献中形容一位绝代佳人，用“一顾倾人城，再顾倾人国”的句子，顾即顾盼，是秋波一转的样子。或者说某一女子有林下风致，就是指她的风姿迷人，不带一丝烟火气。对茶艺师来说，“姿态”是比容貌更重要的东西。

好的茶艺师首先要做好仪表的准备。首先要注意其仪容，如服饰、发型、妆容等。茶艺师服饰应以得体和谐为原则。在发型上，由于工作的特殊性，头发应梳洗干净、整齐，以避免头部向前倾时，头发散落到前面，挡住视线，影响操作。茶艺师还要注意日常的面部护理、保养，以保持清新健康的肤色，工作时也可化淡妆。

其次要注意其仪态。仪态涉及静态与动态两个方面的内容。要拥有良好的仪态，需要从坐、立、跪、行等几种基本姿势练起。（见第III页图）

一、静态过程中的姿态艺术美

1. 站姿。仪态美是由优美的形体姿态来体现的，而优美的姿态又是以正确的站姿为基础的。正确优美的站姿能给人留下精神充沛、气质高雅、庄重大方、礼貌亲切的印象。

迎宾服务中的站姿要求身体重心自然垂直，从头至脚有直如一线的感觉，取重心于两脚之间，不向左、右方向偏移。头虚顶，眼睛平视，嘴微闭，面带笑容，腋似夹球，呼吸自然。双臂应自然下垂在体前交叉，右手虎口架在左手虎口上。站立时，要求女士脚呈“V”字型，双膝和脚后跟靠紧，男士则双脚张开与肩同宽，双手自然下垂。

2. 坐姿。正确的坐姿给人以端庄、优美的印象。对茶艺员坐姿的基本要求是端庄稳重、娴雅自如，注意四肢协调配合，即头、胸、髋三轴，与四肢的开、合、曲、直对比得当。总体而言，茶艺表演中对坐姿形态上的处理以对称美为宜，具有稳定、端庄的美学特性。

一般来说，坐姿要求端坐于椅子中央，占据椅子三分之二的面积，不可全部坐满，上身挺直，以便体现出形体的挺直与修长，双腿并拢，双肩放松，头端正，下颌微敛。女士右手虎口在上交握双手置放胸前或面前桌沿，男士则双手分开如肩宽，半握拳轻搭于前方桌沿。作为来宾，女士可正坐，或双腿并拢侧向一边侧坐，脚踝可以交叉，双手交握搭于腿根，男士则可双手搭于扶手。

作为茶艺表演中常用的举止，在茶艺表演中坐姿一般分为四种：开膝坐与盘腿坐（男士）、并膝坐与跪坐。跪姿是日本、韩国茶人的习惯，可分为跪坐、盘腿坐。前者要求两腿并拢比膝跪坐在坐垫上，足背相搭着地，臀部坐在双足上，挺腰放松双肩，头正下颌微敛，双手搭于大腿上；后者只限于男性，要求双腿向内屈伸相盘，挺腰放松双肩，头正下颌微敛，双手分搭于两膝。

3. 表情。在茶艺表演中，应保持恬淡、自然、典雅、宁静、端庄的表情，眼睑与眉毛要保持自然的舒展。一个人的眼睛、眉毛、嘴巴和面部表情肌肉的变化，能体现出一个人的内心，对人的语言起着解释、澄清、纠正和强化的作用。

迎宾服务中的表情能体现出茶艺师对宾客的重视程度，可以加深宾客对茶艺馆的印象。这里的“表情”，包括目光眼神和微笑。

目光眼神是脸部表情的核心，能表达最细微的表情差异。在社交活动中，人们通常习惯平视对方面部的三角部位，以营造社交气氛。所谓三角部位，即以两眼底为上线、嘴为下顶角的区间。茶艺表演更要求表演者神光内敛，眼观鼻，鼻观心，或目视虚空、目光笼罩全场。忌表情紧张、左顾右盼、眼神不定。

微笑可以表现出温馨、亲切的表情，能有效地缩短双方的距离，给对方留下美好的心理感受，从而形成融洽的交往氛围，同时反映出微笑者修养的高雅、待人的至诚。微笑

的魅力在于，它既可以吸引别人的注意，也可以使自己及他人心情轻松——当然，前提是这微笑是发自内心而非假装。

茶艺师的微笑可以加深宾客对茶艺馆的第一印象，也属于营销的一种方式。

二、活动过程中的形态艺术美

茶艺表演特别重视人体动态的美感。优美的动作能体现身体的平衡，优雅的坐、行、动是良好行为举止的具体体现，茶艺表演中动态美的修习具有十分丰富的雅艺内容，包括了走姿、手势指引与转身等。下面逐一作简单介绍。

1. 走姿。稳健优美的走姿可以使一个人气度不凡，产生一种动态美。标准的走姿以站立姿态为基础，以大关节带动小关节，排除多余的肌肉紧张，以轻柔、大方和优雅为目的，要求自然、平稳，两肩不要左右摇摆晃动或不动，不可弯腰驼背，不可脚尖呈内八字或外八字；脚步要利落，有鲜明的节奏感，不要拖泥带水。

茶艺表演中的走姿还需与服饰相协调。根据穿着服装的不同，走姿的要求也有所差异。男士穿长衫时，要注意挺拔，保持后背平整，尽量突出直线。女士穿旗袍时，要求身体挺直，胸微挺，下颌微收，勿塌腰撅臀；走路的幅度不宜大，脚尖略外开，两臂摆动幅度不宜太大，尽量体现柔和、含蓄、妩媚、典雅的风格；穿长裙时，行走要平稳，步幅可稍大，转动时注意头和身体的协调配合，保持整体造型美，有飘逸潇洒的风姿。

行走中，茶艺师要用手势引领宾客前进，令其了解行走的方向。茶艺师的手指自然并拢，左手或右手从胸前自然向左或向右前伸，随之手心向上，同时配合以语言“请这边走”及相应的的中位手势。到达位置后，茶艺师应为宾客拉开椅子约30厘米，同时配合以语言“请坐”及相应的下位手势。

2. 转身。茶艺师引领宾客向右转弯时应右足先行，反之亦然。在来宾面前，如需离开，应先后退两步再侧身转弯，不要当着宾客掉头就走。迎宾回位时，如果需要回应宾客的呼唤，则需先转动腰部，脖子转回并身体随转，上身侧面，而头部完全正对着后方，面带微笑，眼睛正视。这种回头的姿态，身体显得灵活，态度也礼貌周到。

3. 落座。入座动作讲究轻、缓、紧。即走到座位前要自然地转身后退，轻稳地坐下，落座声音要轻，动作要协调、柔和，腰部、腿部肌肉需有紧张感。女士穿裙装落座时，应将裙摆向前收拢一下再坐下。起立时，右脚抽后收半步，而后站起。

4. 蹲姿。正确的方法应为：弯膝，两膝相并，不分开；臀部向下，上体保持直线。

单膝跪蹲时，左膝与着地的左脚应呈直角相屈，右膝与右手尖则同时点地。此蹲姿常用于奉茶。当桌面较高时，茶艺员还可采用单腿半跪式，即左脚向前跨膝微屈，右膝顶在左腿小腿肚处。

5. 递物和接物。递物的一方要以物品的正面对着接物的一方。递笔、刀、剪之类尖利的物品，则切记需将尖头朝向自己而非指向对方。接物时，除需使用双手外，还应同时点头示意。

【活动设计】

一、活动条件

茶艺馆实训室；准备高跟鞋、茶单、酒水单、签字笔。

二、安全与注意事项

茶具无破损；茶叶新鲜；随手泡摆放在不易碰撞之处，电源线板通电安全；斟茶时，避免茶水溅落到客人身上。

三、活动实施（见表1：活动实施步骤说明）

四、活动反馈（见表2：茶艺师迎宾服务流程评分表）

【知识链接】

茶艺师的仪态素养

一个合格的茶艺师不仅要着装整齐，还需举止优雅得体。很多人认为，茶艺师的仪态无非就是泡茶、品茶的动作组合，只要记好各种茶型的泡茶、品茶动作规范并准确无误的实施，就可以很好地完成茶艺师的职责。其实不然，茶艺师的仪态绝不仅仅于上述的动作组合，它所体现的实际上是一种“道”，不同的茶叶，其泡、品的方式不同，其中所包含的茶道也就不同。一个好的茶艺师所需具备的仪态素养，应该包含以下三点：

1.将泡茶、品茶的动作示范给大家，将动作组合的韵律感表现出来；

2.将茶道和茶文化融合于自己的一举一动中，让品茶者在茶艺师的动作中深刻感受茶文化的内涵；

3.将泡茶的动作融合进与客人的交流中，增进客人对茶文化的了解，力求将客人与品茶环境以及茶文化融为一体。

（参考网站：http://www.chaquwang.cn/cdys/12094858231.html）

【课后作业】

站姿、行姿、坐姿训练。

表 1：活动实施步骤说明

序号	步骤	操作及说明	标准
1	仪态准备	①站姿训练。	①站姿正确。
		②坐姿训练。	②坐姿正确。
		③行姿训练。	③行姿正确。
		④蹲姿训练。	④蹲姿正确。
2	引领服务	①用优雅的站姿微笑问候。	①使用礼貌用语。
		②走在客人左前方1米处，将客人引领到厅房适当的茶桌前。	②站在客人右后方半步处，侧身面对客人。
		③为宾客拉椅、让座、微笑，向客人行30度鞠躬礼。	③为客人拉椅，能遵循先宾后主次序。
		④根据客人需求，向其推介茶品。	④询问客人时，适当弯腰，与客人间的距离保持在45厘米。
		⑤斟茶为7分满。	

表 2：茶艺师迎宾服务流程评分表

茶艺师：　　　　　　　　　　班级：

序号	举证标准	评判结果	
		是	否
1	用优雅的站姿微笑问候。		
2	询问是否有预订、人数。		
3	走在客人左前方1米处，将客人引领到厅房适当的茶桌前。		
4	为宾客拉椅、让座、微笑，向客人行30度鞠躬礼。		
5	能说：“祝各位在此度过一段愉快的时光”。		
6	能后退三步转身离开。		
7	能转告其他茶艺师跟进服务，如上欢迎茶。		

检查人：　　　　　　　　　　时间：

第二章 / 茶叶冲泡

茶叶冲泡与服务

为宾客提供冲泡茶叶的服务是茶艺师最主要的职责。因此，冲泡是茶艺要素中最关键的环节。能否把茶叶的最佳状态表现出来，与冲泡技艺的掌握程度高低有很大的关系。

冲泡茶叶，需要考虑五个因素：根据品饮人数确定泡茶用具；根据用具确定茶叶用量；根据茶叶的发酵度确定冲泡用水温度；根据茶叶特点选择注水点位置，以及出汤时间和冲泡次数。以上这些因素均在一定程度上影响茶汤的质量。此外，泡茶过程中，茶艺师能否为宾客讲述茶品的地域故事以及背后所蕴涵的文化内涵，也会在一定程度上影响宾客品饮的心境，从而影响其品饮茶汤的口感。

茶叶冲泡的具体流程如右图。

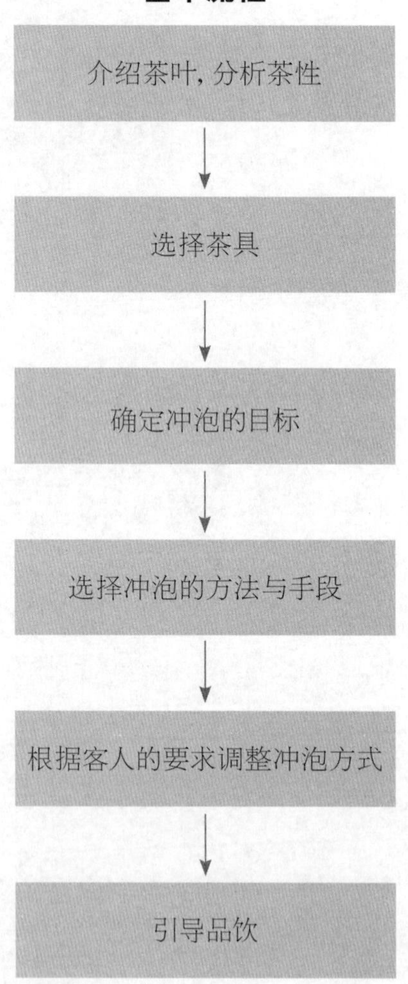

1、介绍茶叶，分析茶性。为了向宾客介绍茶叶，茶艺师必须熟悉茶馆里所有茶叶的特点，换句话说，在对茶艺师进行培训时，需要茶艺师了解各种茶叶的种植环境，掌握各类茶的制作工艺，熟悉茶馆里最有代表性的茶叶，并了解相应的冲泡方法和技巧。只有这样，才能在给宾客介绍时，令其充分感受到茶艺师的专业性，肯定茶馆中茶叶的价值。

2、选择茶具。茶艺师了解了茶叶的特点，就能根据茶馆里现有的茶器，以充分展现茶叶的内质特点为目的，选择合适的茶具进行冲泡。

3、确定冲泡的目标。茶艺师应根据客人选择的茶叶来确定冲泡次数，并预设好希望让宾客品尝到的茶汤滋味。这其中还包括让宾客了解茶叶的种植环境、制作工艺及产品质量，以便让宾客喝得放心。

4、选择冲泡的方法和手段。茶艺师应根据茶叶的类别、茶器的特点，确定冲泡的温度、掌握注水点及顺时针方向的回位、把握出汤时间（每个5~10秒），以及冲泡次数（3~5次）。

5、根据客人的要求调整冲泡方式。每个宾客都有其对茶的理解方式，茶艺师在冲泡完成第

一泡茶时，应主动征询宾客的意见，根据对方要求及时调整冲泡方法，体现茶艺师的个性化服务。

6、引导品饮。茶艺师现场冲泡的最终目的是推销产品，完成销售任务。因此，茶艺师要根据销售目标，适时地引导宾客品饮茶汤，让宾客在五星级的服务中充分感受到茶叶的特征及品质。

冲泡茶叶、引导品饮的过程中，茶艺师还可以适时穿插一些知识介绍，如人们对茶叶冲泡的一些错误认识：

错误一：用沸水泡茶。并不是所有茶都适合用沸水冲泡。例如绿茶，或是白茶中的白毫银针、白牡丹，宜用85~90摄氏度左右的水温冲泡。如果用沸水冲泡，除了会破坏很多营养物质如维生素C、P等，还易因水温过高而导致绿茶叶或茶芽被泡熟，变成红茶，失去原有的茶香和口感，或是因水温过高而溶出过多的鞣酸等物质，使茶汤带有苦涩味。

正确的方法是：茶叶越嫩、越绿，冲泡水温要越低。黄茶的冲泡水温也最好在90摄氏度左右。红茶、黑茶、乌龙茶（青茶）、白茶中的贡眉和寿眉等，则可以用沸水冲泡。

错误二：用保温杯泡茶。用这种泡茶法，茶水会在较长时间内保持高温，茶叶中一部分芳香油逸出，使香味减少，且因浸出的鞣酸和茶碱过多，茶汤会有苦涩味，因而也损失了部分营养成分。

正确的方法是：沏茶时宜使用陶瓷壶、杯，才能使茶叶的茶香和口感保持最佳状态。

错误三：习惯泡浓茶。由于茶水太浓，浸出的咖啡因和鞣酸过多，易刺激胃肠，故这种饮茶法实际上并不健康。

正确的方法是：一般只需要3~6克左右的茶叶（大红袍约需8克），即可泡出一杯浓度适中的茶。普通茶叶以冲泡三次左右为宜。

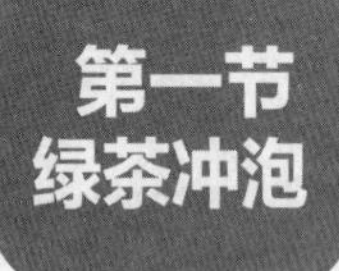

01 绿茶的品种与品质特征

【学习目标】

1. 能描述绿茶的品种。
2. 能为宾客介绍绿茶的品质特征。

【核心概念】

绿茶：是指采取茶树新叶，无需发酵，经杀青、揉捻、干燥等典型工艺制作而成的茶叶。其制成品及冲泡后的茶汤，均较多地保存了鲜茶叶的绿色主调。

【基础知识：认识绿茶】

绿茶是以适宜茶树的新梢为原料，将采摘来的鲜叶先经高温杀青，杀灭了各种氧化酶，保持了茶叶绿色，然后经揉捻、干燥而制成。其干茶色泽和冲泡后的茶汤、叶底均以绿色为主调，因此清汤绿叶是绿茶品质的共同特点。

杀青对绿茶品质起着决定性作用。高温可破坏鲜叶中的酶，制止多酚类物质氧化，防止叶子红变；通过杀青，还可蒸发部分水分，使叶子变软，为揉捻造型创造条件。随着水分蒸发，鲜叶中具有青草气的低沸点芳香物质挥发消失，茶叶香气随之得以改善。

绿茶在色、香、味上，讲求嫩绿明亮、清香、醇爽。在六大类茶中，绿茶的冲泡看似简单，其实极为讲究。因绿茶不经发酵，保持了茶叶本身的嫩绿，冲泡时如果略有偏差，就容易导致茶叶泡老、焖熟，茶汤黯淡，香气钝浊。此外，由于绿茶品种最丰富，根据其形状、紧结程度和鲜叶的老嫩程度不同，冲泡的水温、时间和方法都应有所差异，所以，没有多次的实践，恐怕难以泡好一杯绿茶。

我国种植绿茶最多，绿茶的品种也多。根据烘干方式的不同，绿茶可分为以下类别：

炒青绿茶：是指采用炒干的方式而制成的绿茶，按外形可分为长炒青、圆炒青和扁炒青三类。长炒青形似眉毛，又称为眉茶，其品质特点是条索紧结，色泽绿润，香高持久，滋味浓郁，汤色、叶底黄亮。圆炒青外形如颗粒，又称为珠茶，具有外形圆紧如珠、香高味浓、耐泡等特点。扁炒青又称为扁形茶，其成品扁平光滑、香鲜味醇，如西湖龙井。

烘青绿茶：是用烘笼烘干而制成的绿茶。烘青毛茶经再加工精制后大部分用作熏制花茶的茶坯，香气一般不及炒青高，少数烘青名茶品质特优。以其外形，亦可分为条形茶、尖形茶、片形茶、针形茶等。条形烘青，全国的主要产茶区都有生产；尖形、片形茶则主要产于安徽、浙江等省市。

晒青绿茶：是利用日光晒干而制成的绿茶，主要分布在湖南、湖北、广东、广西、四川，云南、贵州等省亦有少量生产。晒青绿茶以云南大叶种的品质最好，称“滇青”。

蒸青绿茶：是以蒸汽杀青法制成的绿茶。蒸汽杀青法是我国古代的传统杀青方式，它利用蒸汽量来破坏鲜叶中酶的活性，最终形成干茶色泽深绿、茶汤浅绿、茶底青绿的“三绿”特征，但其香气较闷，带青气，涩味也较重，不及炒青绿茶那样鲜爽。

中国十大名茶中，属于绿茶类的就有西湖龙井、信阳毛尖、太平猴魁、黄山毛峰、六安瓜片五种。（见第IV页图）

西湖龙井：产于浙江省杭州西湖的狮峰、龙井、五云山、虎跑一带，属于扁炒青绿茶。因产地和制法不同，西湖龙井可分为龙井、旗枪、大方三种。其中，狮峰龙井色泽黄嫩，高香持久，被誉为“龙井之巅”；龙井村龙井茶叶肥嫩，芽峰显露，茶味较浓；梅家坞龙井色泽翠绿，形如金钉，扁平光滑，汤色碧绿，口味鲜爽。

黄山毛峰：产于安徽省黄山（徽州）一带，所以又称徽茶，属于炒青绿茶。其外形微卷，形似雀舌，绿中泛黄，银毫显露，汤色清碧微黄，滋味醇甘，香气如兰，韵味深长。

信阳毛尖：产于河南省信阳商城、固始、光山、罗山县一带，属于炒青绿茶。其外形细、圆、光、直、多白毫，冲泡后香高、味浓、汤色绿。

太平猴魁：产于安徽省黄山市黄山区（原为太平县，故得名）一带，属于烘青绿茶。其外形两叶抱芽，扁平挺直，自然舒展，白毫隐伏，有“猴魁两头尖，不散不翘不卷边”的美名。叶色苍绿匀润，叶脉绿中隐红，俗称“红丝线”。冲泡后兰香高爽，滋味醇厚回甘，汤色清绿明澈，叶底嫩绿匀亮，芽叶成朵肥壮。

六安瓜片：产自安徽省六安市大别山一带，属于炒青绿茶。其外形似瓜子形的单片，叶缘微翘，呈宝绿色。冲泡后清香高爽，滋味香醇回甘，汤色清澈透亮，叶底绿嫩明亮。

【活动设计】

一、活动条件

茶艺馆实训室；茶具、茶叶及其他用具。

二、安全与注意事项

茶具无破损；茶叶新鲜。

三、活动实施（见表1：活动实施步骤说明）

四、活动反馈（见表2：辨识绿茶品种检测表）

【知识链接】

春茶、夏茶、秋茶的对比与绿茶的家庭保存法

茶叶中春茶、夏茶与秋茶的划分，主要是依据季节变化和茶树新梢生长的间歇而定的。这三类茶的品质特征，可以从两个方面去描述。

一是干看：主要从干茶的色、香、形三个因素上加以判断。

凡绿茶色泽绿润，红茶色泽乌润，茶叶肥壮重实，或有较多白毫，且红茶、绿茶的条茶条索紧结，珠茶颗粒圆紧，香气馥郁，是春茶的品质特征。凡绿茶色泽灰暗，红茶色泽红润，茶叶轻飘松宽，嫩梗宽长，且红茶、绿茶的条茶条索松散，珠茶颗粒松泡，香气稍带粗老，是夏茶的品质特征。凡绿茶色泽黄绿，红茶色泽暗红，茶叶大小不一，叶张轻薄瘦小，香气较为平和，是秋茶的标志。

二是湿看：即对茶叶进行开汤审评，作为进一步判断。

凡茶叶冲泡后下沉快，香气浓烈持久，滋味醇；绿茶汤色绿中显黄，红茶汤色艳现金圈；茶叶叶底柔软厚实，正常芽叶多者，为春茶。凡茶叶冲泡后，下沉较慢，香气稍低；绿茶滋味欠厚稍涩，汤色青绿，叶底中夹杂铜绿色芽叶；红茶滋味较强欠爽，汤色红暗，叶底较红亮；茶叶叶底薄而较硬，对夹叶较多者，为夏茶。凡茶叶冲泡后香气不高，滋味平淡，叶底夹有铜绿色芽叶，叶张大小不一，对夹叶多者，为秋茶。

一般来说，绿茶的茶叶含水量不能超过6%，常见的绿茶家庭保存方法有：

瓦罐储茶法。明人冯梦祯《快雪堂漫录》云："实茶大瓮，底置箬，封固倒放，则过夏不黄，以其气不外泄也。"

罐藏法。可选用装糕点或其他食品的金属容器，其材质或铁、或铝、或纸品均可，其形状或方、或圆、或扁、或不规则不拘，重要的是茶要干燥，袋口封好。

塑料袋贮茶法。可选用密度高、高压、厚实、强度好、无异味的食品包装袋，将茶叶事先

用较柔软的净纸包好，然后置于食品袋内，封口即成。

热水瓶贮茶法。因保温不佳而废弃的热水瓶是不错的贮茶容器。可将干燥的绿茶填入，盖好瓶塞后，用蜡封口即可。

冰箱保存法。将绿茶装入密度高、高压、厚实、强度好、无异味的食品包装袋，然后置于冰箱冷冻室或者冷藏室。此法保存时间长、效果好，但袋口必须封严实，否则易致回潮或者串味，反而有损绿茶茶叶的品质。

【课后作业】

制作关于绿茶知识的表格，内容包括绿茶的品种、制作工艺、特点、代表性绿茶。

表 1：活动实施步骤说明

序号	步骤	操作及说明	标准
1	准备绿茶	①准备六款绿茶。	①准备茶叶：西湖龙井、信阳毛尖、黄山毛峰、洞庭碧螺春、太平猴魁、六安瓜片。
		②分别放在白色茶荷里。	②茶荷干净。
2	辨识绿茶	根据绿茶的外形特征，说出绿茶的名称。	①说出绿茶名称。
			②将六款绿茶进行分类。

表 2：辨识绿茶品种检测表

茶艺师： 班级：

序号	举证内容	举证标准	评判结果	
			是	否
1	准备工作	①绿茶品种齐全。		
		②茶荷干净。		
2	辨识绿茶	①根据外形特征说出绿茶名称。		
		②正确归类绿茶品种。		
		③活动结束后收拾好茶桌。		

检查人： 时间：

02 绿茶的传说与功效

【学习目标】

1. 能描述绿茶的传说。
2. 能为宾客介绍绿茶的功效。

【核心概念】

绿茶的功效：绿茶在我国被誉为“国饮”，较多保留了鲜叶内的天然物质。

【基础知识：绿茶的传说与功效】

一、绿茶的传说

元朝末年，朱元璋率领农民起义，羊楼洞茶农从军奔赴新（疆）蒙（古）边城。他们在军中见有人饭后腹痛，便将带去的蒲圻绿茶冲泡给他们服用。病患很快就相继病愈了。朱元璋得知后，将此事记在心里。登基后，朱元璋和宰相刘基到蒲圻找寻隐士刘天德，恰遇在此种茶的刘天德长子刘玄一。刘玄一请皇帝为此茶赐名。朱元璋见茶叶翠绿，形似松峰，且其香味亦佳，遂赐名“松峰茶”，又将长有茶叶的高山，命名为松峰山。明洪武二十四年（1391年），太祖朱元璋因常饮羊楼洞松峰茶成习惯，遂诏告天下：“罢造龙团，唯采茶芽以进。”因此，刘玄一成为天下第一个做绿茶的人，朱元璋成为天下第一个推广绿茶的人，而羊楼洞则成为天下最早做绿茶的地方。

二、绿茶的功效

绿茶因保留鲜叶中85%以上的茶多酚、咖啡碱，50%左右的叶绿素，维生素损失也较少，形成了“清汤绿叶，滋味收敛性强”的特点。大量研究证实，绿茶中确实含有茶多酚、咖啡碱、脂多糖、茶氨酸等与人体健康密切相关的生化成分，不仅具有提神清心、清热解暑、消食化痰、去腻减肥、清心除烦、解毒醒酒、生津止渴、降火明目、止痢除湿等药理作用，还对某些现代疾病，如辐射病、心脑血管病、癌症等有一定的药理功效。

1. 抗衰老：长期饮用绿茶，有助于延缓衰老。绿茶中的茶多酚具有很强的抗氧化性和生理活性，能阻断脂质过氧化反应、清除活性酶，是人体自由基的清除剂。研究证明，1毫克茶多酚清除对人类肌体有害的过量自由基的效能相当于9微克超氧化物歧化酶，大大高于其它同类物质。另据试验证实，茶多酚的抗衰老效果要比维生素E强18倍。

2. 抑疾病：茶多酚有助于抑制心血管疾病，对人体脂肪的代谢有重要作用。人体的胆固醇、三酸甘油脂等含量高，血管内壁脂肪沉积，血管平滑肌细胞增生，易导致动脉粥样硬化斑块等心血管疾病。茶多酚，尤其是茶多酚中的儿茶素ECG和EGC及其氧化产物茶黄素等，有助于使这种斑状增生受到抑制，使造成血凝黏度增强的纤维蛋白原降低，凝血变清，从而抑制动脉粥样硬化。

3. 抗致癌：茶多酚可以阻断亚硝酸铵等多种致癌物质在体内合成，并具有直接杀伤癌细胞和提高肌体免疫能力的功效。据有关资料显示，茶叶中的茶多酚，对胃癌、肠癌等多种癌症的预防和辅助治疗，均有裨益。

4. 抗病毒菌：茶多酚有较强的收敛作用，对病原菌、病毒有明显的抑制和杀灭作用，对消炎止泻也有明显效果。我国有不少医疗单位应用茶叶制剂治疗急性和慢性痢疾、阿米巴痢疾、流感，其治愈率达90%左右。

5. 美容护肤：茶多酚是水溶性物质，用它洗脸，能清洁面部的油腻，收敛毛孔，具有消毒、灭菌、抗皮肤老化、减少日光中的紫外线辐射对皮肤的损伤等功效。

6. 醒脑提神：茶叶中的咖啡碱能促使人体中枢神经兴奋，增强大脑皮层的兴奋过程，起到提神、清心的效果，且对缓解偏头痛也有一定的功效。

7. 利尿解乏：茶叶中的咖啡碱可刺激肾脏，促使尿液迅速排出体外，提高肾脏的滤出率，减少有害物质在肾脏中滞留的时间。咖啡碱还可排除尿液中的过量乳酸，帮助人体尽快消除疲劳。

8. 缓解疲劳：绿茶中还含有强效的抗氧化剂以及维生素C，不但可以清除体内的自由基，还能分泌出对抗紧张压力的荷尔蒙。绿茶中所含的少量的咖啡因可以刺激中枢神经、振奋精神。也正因为如此，我们推荐在上午饮用绿茶，以免影响睡眠。

9. 护齿明目：茶叶中含氟量较高，每100克干茶中含氟量为10～15毫克，且80%为水溶性成份。若每人每天饮茶叶10克，则可吸收水溶性氟1～1.5毫克，而且茶叶是碱性饮料，可抑制人体钙质的减少，对预防龋齿、护齿、坚齿都是有益的。在白内障患者中，有饮茶习惯的占28.6%，无饮茶习惯的则占71.4%。这是因为茶叶中的维生素C等成分，能降低眼睛晶体的混浊度，可见经常饮茶对减少眼疾、护眼明目有积极作用。

10. 降脂助消化：唐代《本草拾遗》中对茶的功效有“久食令人瘦”的记载，我国边疆少数民族也有“不可一日无茶”之说。这是由于茶叶中的咖啡碱能提高胃液的分泌量，可以帮助消化。另外，绿茶中含有丰富的儿茶素，有助于减少腹部脂肪。

【活动设计】

一、活动条件

茶艺馆实训室；茶具、茶叶及其他用具。

二、安全与注意事项

茶具无破损；茶叶新鲜。

三、活动实施（见表1：活动实施步骤说明）

四、活动反馈（见表2：介绍绿茶功效检测表）

【知识链接】

如何鉴别陈茶和新茶

大多数新茶的口感、色泽、品质、营养成分都好于陈茶。由于光、热、水、气的作用，隔年茶叶中的一些酸类、酯类、醇类物质以及氨基酸、维生素发生氧化或缩合，形成了其他不溶于水或易挥发的化合物，而人体所需要的茶叶有效成分却减少了，这样，不仅口味受到影响，营养也同时打了折扣，保健作用降低。当然，普洱茶、沱茶、六堡茶、黑茶等几种特别的茶叶则是例外，只要存放得当，反而是越陈品质越好。

应如何鉴别陈茶和新茶呢？

一观色泽。茶叶在贮存过程中，由于受到空气中氧气和光的作用，构成茶叶色泽的一些色素物质会发生缓慢的自动分解。以绿茶为例，由于叶绿素分解，绿茶的色泽由青翠嫩绿逐渐变得枯灰黄绿。绿茶中含量较多的抗坏血酸（维生素C）氧化所产生的茶褐素，也会使茶汤变得黄褐不清。而对红茶品质影响较大的黄褐素的氧化、分解和聚合，还有茶多酚的自动氧化的结果，则会使红茶的色泽由新茶时的乌润变成灰褐。

二品滋味。茶的好坏，在品尝、对比的过程中体现得最为清晰。由于陈茶茶叶中酯类物质经氧化后产生了一种易挥发的醛类物质，或不溶于水的缩合物，可溶于水的有效成分减少，使得茶的滋味由醇厚变得淡薄；又由于茶叶中氨基酸的氧化，茶叶的鲜爽味减弱而变得“滞钝”。

三闻香气。由于香气物质的氧化、缩合和缓慢挥发，陈茶的茶味变得低浊。科学分析表明，构成茶叶香气的成分有300多种，主要是醇类、酯类、醛类等物质。它们在茶叶贮藏过程中不断挥发、缓慢氧化。因此，随着时间的延长，茶叶的香气就会由浓变淡，香型就会由新茶时的清香馥郁慢慢变为陈茶的低闷混浊。

四含水量。只要用手指捏一捏，就能很简单地鉴别新茶、陈茶。新茶一般含水量较低，在正常情况下含水约7%，茶叶条索疏松，质硬而脆，用手指轻轻一捏，即成粉末状。陈茶因存放时间过长，经久吸湿，一般含水量较高，茶叶湿软而重，用手指捏不成粉末状，茶梗也不易折断。当含水量超过10%时，不但会失掉茶叶原有的色、香、味，而且很容易发霉变质，以致无法饮用。

五看其他。有些新茶里掺进陈茶后，色泽不匀，新茶的新鲜悦目与陈茶的发暗枯黑，两者混在一起，茶色深浅反差很大。所以，买茶者只要仔细辨认一下是不难鉴别的。

【课后作业】

选择四款绿茶，通过茶汤的特点，介绍其不同功效。

小组		组长	
工作任务			
具体分工			
模拟流程			
活动总结（不少于200字）			
自评			
小组评			
教师评			

表 1：活动实施步骤说明

<table>
<tr><th>序号</th><th>步骤</th><th>操作及说明</th><th>标准</th></tr>
<tr><td rowspan="2">1</td><td rowspan="2">准备茶样</td><td rowspan="2">选择一款绿茶。</td><td>①一款绿茶。</td></tr>
<tr><td>②茶样新鲜。</td></tr>
<tr><td rowspan="4">2</td><td rowspan="4">根据茶样介绍功效</td><td rowspan="2">①介绍茶样的特点。</td><td>①语言表达精确。</td></tr>
<tr><td>②茶样的特点表述正确。</td></tr>
<tr><td rowspan="2">②根据茶样的工艺特点介绍功效。</td><td>③茶样的特色工艺介绍到位。</td></tr>
<tr><td>④茶样的功效特点介绍较突出。</td></tr>
</table>

表 2：介绍绿茶功效检测表

茶艺师：　　　　　　　　　　班级：

<table>
<tr><th rowspan="2">序号</th><th rowspan="2">举证内容</th><th rowspan="2">举证标准</th><th colspan="2">评判结果</th></tr>
<tr><th>是</th><th>否</th></tr>
<tr><td rowspan="2">1</td><td rowspan="2">选择一款绿茶</td><td>①一款绿茶。</td><td></td><td></td></tr>
<tr><td>②茶样新鲜。</td><td></td><td></td></tr>
<tr><td rowspan="2">2</td><td rowspan="2">辨识绿茶</td><td>①语言表达精确。</td><td></td><td></td></tr>
<tr><td>②茶样的特点表述正确。</td><td></td><td></td></tr>
<tr><td rowspan="2">3</td><td rowspan="2">介绍功效</td><td>①茶样的特色工艺介绍到位。</td><td></td><td></td></tr>
<tr><td>②茶样的功效特点介绍较突出。</td><td></td><td></td></tr>
</table>

检查人：　　　　　　　　　　时间：

第一节
绿茶冲泡

03 绿茶的冲泡器皿

【学习目标】

1. 能描述所选茶器的特点。
2. 能根据绿茶的品质特征，选择冲泡绿茶的合适器皿。

【核心概念】

茶器：茶器就是茶艺师通过一定的礼仪制汤、饮茶所使用的器具。

【基础知识：冲泡绿茶的器具】

现代生活中，人们用以冲泡绿茶的器具主要有以下三种，每种类型的器具都可以突显绿茶的某一特性。（见第VIII页图）

- 玻璃杯：好的绿茶，叶形完整美观，色泽鲜亮，滋味鲜爽。绿茶中的针形茶、扁形茶，可选用透明玻璃杯来冲泡，以便欣赏茶舒叶展的独特形态。
- 盖碗：又称“三才碗”“三才杯”，即盖为天、托为地、碗为人，暗含天地人和之意。选用白瓷盖碗，更能衬托出茶汤的清澈和茶的鲜绿。选用盖碗冲泡绿茶时，为避免焖熟茶叶，一般冲泡后，须将碗盖置于盖置上或扣在盖碗底座上。
- 瓷壶：含纤维素较高的绿茶，为提高茶叶有效成分的浸出率，可选用保温性稍好的瓷壶冲泡，同样不加盖。

以广东为例，根据地域、气候，以及大部分人品茶的特点，茶艺馆一般会选用180毫升容量的盖碗作为冲泡绿茶的主要器具。当然，也有茶客为饮用方便而选用玻璃杯。

【活动设计】

一、活动条件

茶艺馆实训室；茶具、茶叶及其他用具。

二、安全与注意事项

茶具无破损；茶叶新鲜；随手泡摆放在不易碰撞之处，电源线板通电安全；斟茶时，避免茶水溅落到客人身上。

三、活动实施（见表1：活动实施步骤说明）

四、活动反馈（见表2：三种器具对比冲泡检测表）

【知识链接】

不同材质的茶具

1. 瓷器茶具

瓷器茶具的品种很多，主要有：青瓷茶具、白瓷茶具、黑瓷茶具和彩瓷茶具。

青瓷茶具：以浙江出产的质量最好。早在东汉年间，当地已开始生产色泽纯正、透明发光的青瓷。晋代浙江的越窑、婺窑、瓯窑已具相当规模。宋代，作为当时五大名窑之一的浙江龙泉哥窑生产的青瓷茶具达到鼎盛。明代以后，青瓷茶具以其质地细腻、造型端庄、釉色青莹、纹样雅丽而蜚声中外。因色泽青翠，这种茶具用来冲泡绿茶，更增汤色之美。

白瓷茶具：具有坯质致密透明，上釉、成陶火度高，无吸水性，音清而韵长等特点。因其色泽洁白，能反映出茶汤色泽，且传热、保温性能适中，加之造型各异，堪称饮茶器皿中之珍品。适合冲泡各类茶叶。早在唐时，河北邢窑生产的白瓷器具已“天下无贵贱通用之”。唐朝白居易还曾作诗盛赞四川大邑生产的白瓷茶碗。元代，江西景德镇白瓷茶具已远销国外。

黑瓷茶具：始于晚唐，鼎盛于宋，延续于元，衰微于明、清。这是因为自宋代开始，饮茶方法已由煎茶法逐渐改变为点茶法，而宋代流行的斗茶，又为黑瓷茶具的崛起创造了条件。

彩瓷茶具：品种花色很多，其中尤以青花瓷茶具最引人注目。

2. 紫砂茶具

紫砂茶具由陶器发展而成，是一种新质陶器。它始于宋代，盛于明清，流传至今。北宋梅尧《依韵和杜相公谢蔡君谟寄茶》中的“小石冷泉留早味，紫泥新品泛春华”，说的正是紫砂茶具在北宋刚开始兴起的情景。但从确切有文字记载而言，紫砂茶具应创造于明代正德年间。

紫砂茶具属陶器茶具的一种，坯质致密坚硬，取天然泥色，大多为紫砂，亦有红砂、白砂。成陶火度在1100~1200摄氏度，无吸水性，音粗韵长。它耐寒耐热，泡茶时无熟汤味，能保真香，且传热缓慢，不易烫手，用来炖茶也不会爆裂。

3. 漆器茶具

漆器茶具始于清代，主要产于福建福州一带。福州生产的漆器茶具多姿多彩，有“宝砂闪光”“金丝玛瑙”“釉变金丝”“仿古瓷”“雕填”“高雕”和“嵌白银”等品种，特别是创造了艳红如宝石的“赤金砂”和“暗花”等新工艺以后，更加鲜丽夺目，逗人喜爱。

4. 竹木茶具

隋唐以前，当时的饮茶器具，除陶、瓷器外，民间多用来源广、制作方便、对茶无污染、对人体又无害的竹木制作而成。竹编茶具由内胎和外套组成，内胎多为陶瓷类饮茶器具，外套用精选慈竹，经劈、启、揉、匀等多道工序，制成粗细如发的柔软竹丝，经烤色、染色，再按茶具内胎形状、大小编织嵌合，使之成为整体如一的茶具。这种茶具，不但色调和谐，美观大方，而且能保护内胎，减少损坏；同时，泡茶后不易烫手，并富含艺术欣赏价值。

5. 玻璃茶具

玻璃质地透明，光泽夺目，外形可塑性大，形态各异。以玻璃杯泡茶，茶汤的鲜艳色泽，茶叶的细嫩柔软，茶叶在整个冲泡过程中的上下穿动，叶片的逐渐舒展等，可以一览无余，可说是一种动态的艺术欣赏。但玻璃茶具的缺点是容易破碎，冲泡时易烫手。

6. 搪瓷茶具

搪瓷茶具以坚固耐用、图案清新、轻便耐腐蚀而著称。它起源于古代埃及，后传入欧洲。搪瓷工艺传入中国，大约是在元代。

20世纪初，中国开始生产搪瓷茶具。仿瓷茶杯洁白、细腻、光亮，可与瓷器相媲美；网眼花茶杯饰有网眼或彩色加网眼，层次清晰，有较强艺术感；鼓形茶杯和蝶形茶杯式样轻巧，造型独特；保温茶杯能起保温作用，携带方便，加彩搪瓷茶盘可作放置茶壶、茶杯用……式样众多的搪瓷茶具受到不少茶人的欢迎。但搪瓷茶具传热快，易烫手，放在茶几上，会烫坏桌面，加之“身价”较低，故使用时受到一定限制，一般不作居家待客之用。

7. 金属茶具

金属用具是指由金、银、铜、铁、锡等金属材料制作而成的器具，是中国最古老的日用器具之一。

8. 石茶具

石茶具的制作，重在选材和设计。用石壶冲泡茶叶，当然远不及紫砂壶的效果，但物趣天成，别具一格，也是雅事。偏重于实用性的石茶具，在取材方面注重石质的内在结构，质地要细腻，保温性要好，还要易于清洗且有利于人体健康。一般多选用板岩、灰岩。

【课后作业】

以小组为单位，选一款绿茶，以不同茶具盖碗、玻璃杯进行对比冲泡，并完成以下表格。

茶品	茶具类型	冲泡要素	第一次	第二次	第三次
	盖碗	投茶量			
		水温			
		注水位置			
		出汤时间			
		冲泡次数			
	玻璃杯	投茶量			
		水温			
		注水位置			
		出汤时间			
		冲泡次数			
对比小结（字数200以上）					

实验茶艺师：　　　　时间：　　　　评定等级：　　　　评分者：

表1：活动实施步骤说明

序号	步骤	操作及说明	标准
1	准备茶具	准备白瓷盖碗、玻璃杯、瓷壶。	①三者容量一致：150毫升。
			②茶具干净。
2	准备茶叶	准备3克碧螺春。	①语言表达精确。
			②茶样的特点表述正确。
			③茶样的特色工艺介绍到位。
			④茶样的功效特点介绍较突出。
3	冲泡	①水温90摄氏度。	①水温90摄氏度。
		②水柱落点位置统一在6点钟方向。	②水柱落点位置统一在8点钟方向。
		③出汤时间为10秒。	③出汤时间为10秒。
		④对比第二泡茶汤。	④对比第二泡茶汤。
4	对比结论	①对比汤色。	①结论描述清楚。
		②对比香味。	
		③对比滋味。	②语言简练。

表2：三种器具对比冲泡检测表

茶艺师：　　　　　　　　　　　　　　　　　　班级：

序号	举证内容	举证标准	评判结果	
			是	否
1	准备茶具	①三者容量一致：150毫升。		
		②茶具干净。		
2	准备茶叶	①碧螺春新鲜。		
		②重量3克。		
3	冲泡	①水温90摄氏度。		
		②水柱落点位统一在8点钟方向。		
4	对比结论	③出汤时间是10秒。		
		④对比第二泡茶汤。		
		①结论描述清楚。		
		②语言简练。		

检查人：　　　　　　　　　　　　　　　　　　时间：

04 冲泡绿茶

【学习目标】

1. 能描述冲泡绿茶的流程。
2. 运用茶叶冲泡的五要素知识，为宾客冲泡一壶绿茶。

【核心概念】

冲泡五要素：泡茶用具，水温，注水点位置，出汤时间和冲泡次数。

【基础知识：不同器皿的绿茶冲泡法】

一、玻璃杯冲泡

绿茶的冲泡方法很多，选用哪种方法冲泡，取决于茶叶的品种与茶叶的鲜嫩程度。掌握好茶量与水量的比例以及水温、冲泡时间，是冲泡绿茶的关键。冲泡细嫩度高的名优绿茶，水与茶叶的标准比例一般为150毫升水/3克茶叶，即50：1。按传统冲泡方式，依据茶叶嫩度，水温可在70～95摄氏度。冲泡时间则因茶叶品质和注水方法而不同，一般可从15秒～2分钟不等。

要欣赏绿茶舒展的过程、颜色的变化，选用透明玻璃杯冲泡最为适宜。根据茶条的松紧程度及茶叶的品质特征，可采用上投、中投、下投等不同的投茶方式。明代张源在《茶录》中曾提及："投茶有序，毋失其宜。先茶后汤曰下投。汤半下茶，复以汤满，曰中投。先汤后茶曰上投。春秋中投。夏上投。冬下投。"即在绿茶的冲泡过程中，投茶是有一定顺序的。

上投法：即"先水后茶"。此法多适用于炒青、烘青中细嫩度极好（通常是单芽或者一芽一叶）的绿茶。冲泡时水温可控制在75～80摄氏度。先一次性向茶杯（茶碗）中注足热水，待水温适度时再投放茶叶。此法水温要掌握得非常准确，越是嫩度好的茶叶，水温要求越低，有的茶叶甚至可等待至70摄氏度时再投放。

中投法：即“先水后茶，再添水”。投放茶叶后，先注入三分之一热水（尤其是刚从冰箱内取出的茶叶），待茶叶吸足水分舒展开后，再注满热水。此法适用于虽细嫩但很紧实的绿茶。

下投法：即“先茶后水”。先投放茶叶，然后一次性向茶杯（茶碗）注足热水。此法适用于茶条松展、细嫩度较差的一般绿茶。

二、盖碗冲泡

选用盖碗品饮绿茶，可以一人一盖碗，也可多人一盖碗，因此冲泡前要先询问客人选择哪种方式，以便为其备好器皿。

以下为当客人选择多人一盖碗来品饮绿茶时，茶艺师在冲泡中需要掌握的技巧。

1. 水温：绿茶属于0度发酵茶，因此冲泡绿茶的水温一般宜用低温（低温为70～80摄氏度，中温为80～90摄氏度，高温为90摄氏度以上）。

不同的绿茶对于水温的要求也有细微差别。细嫩的绿茶一定要使用低温水，否则茶叶就会被烫坏；对于冲泡后展开为叶面的绿茶，则须用中温水进行冲泡；对于老绿茶，则宜用高温水醒茶，中温水冲泡。

2. 投茶量：根据人数以及绿茶的特点，绿茶茶叶的用量在3～4克。也就是说，茶叶与水的比例应控制在1∶60或45之间。

3. 醒茶：绿茶属于可快速出滋味的茶类，其原材料又多为等级较高的鲜茶叶，因此除老绿茶外，一般不需要醒茶。

4. 注水位置：盖碗的碗身形如倒钟，碗口可视作钟面，注水位置一般根据时间点或客人对品饮茶的要求来确定。冲泡绿茶一般采用高冲的方式，即提高随手泡，让水自高点下注，落点在8点钟方向，螺旋形注水，这样可令盖碗的边缘部分以及面上的茶底均直接接触到注入的水，令茶叶与水的溶合度增加，绿茶在盖碗内翻滚、散开，可更充分地泡出茶味。茶艺师可以通过控制水线的高低与粗细，达到微调茶汤滋味的目的。

5. 出汤时间：因注水位置的选定，茶汤滋味有了变化，茶艺师出汤时间为第一泡5秒，第二泡10秒，以此类推，逐次递加5秒，同时也考虑品饮者的口感需求而有所变化。

6. 冲泡次数：绿茶的冲泡次数一般控制在3～5次，之后其营养成分已经完全溶解出来，滋味也随之变淡。

7. 引导品饮：茶艺师奉茶。品饮绿茶重在欣赏茶叶的嫩度，品味茶汤的鲜、甘、爽。

以下为盖碗绿茶茶艺表演程式。(见第IX页图)

茶具:茶船、盖碗(三个)、茶具组、废水皿、储茶器、茶荷、茶巾、铜质水壶

茶叶:信阳毛尖

具体表演程式如下:

步骤1:备具迎宾客

①布置好茶桌,将茶具摆放好。

②行走进入表演场,两足间距约20厘米。

③以并脚的姿势站定,向宾客行45度鞠躬礼。

④神情自然,微笑甜美。

服务标准:

①茶具齐全,摆放合理。

②走姿端庄,步伐轻盈,挺胸收腹。

③站姿时,头要正,下颚微收,挺胸收腹,双脚跟合并。

④微笑甜美。

步骤2:净手宣茶德

①茶艺师助手用茶盘端出装了七分满水的青花瓷器皿,茶巾置于器皿旁。

②茶艺师转身,双手轻轻放入水中,两手上下贴着转一圈后,轻轻抖动一下。

③茶艺师双手拿起茶巾,右手正反轻擦拭,左手同样,再将茶巾放入茶盘中。

服务标准:洗手时,动作轻柔,不能击发出水声。

步骤3:焚香敬茶圣

①茶艺师左手拿火柴盒,右手拿火柴,轻划,点燃火柴。

②茶艺师左手拿香,右手用火柴点燃香后,轻轻摇动燃香,熄灭火。

③茶艺师右手手指搭左手手指,拇指夹香,心怀敬意,弯腰45度,向茶圣敬香。

④茶艺师双手持香,将香插进香炉中。

服务标准:

①点香一次成功。

②茶艺师弯腰敬香时腰身挺直。插香时,香笔直。

步骤4:铜壶储甘泉

①茶艺师助手以提梁壶的手势端出铜壶。

②茶艺师助手将铜质水壶置于茶桌的右上角。

服务标准:

①茶艺师助手提壶手势为兰花指。

②茶艺师助手放置铜质水壶时不发出声音。

③铜质水壶壶嘴与正面倾斜30度角。

步骤5：静赏毛尖姿

①茶艺师从储茶罐中取出茶样置茶荷中。

②双手奉起茶荷，从左往右向宾客展示茶叶。

服务标准：

①取茶时，茶叶不可洒落茶桌。

②展示时，茶荷位置水平，高度一致。

③展示速度适中。

步骤6：神泉暖“三才”

①茶艺师右手提起铜壶，左手掀开“三才”碗盖，采用高冲法冲水入碗。

②左手揭盖，右手持碗，旋转手腕洗涤盖碗。

③冲洗杯盖，滴水入碗托。

④左手加盖于碗上，右手持碗，左手将碗托中的水倒入废水皿。

⑤用茶巾擦干碗盖残水，左手将“三才”盖打开斜搁置碗托上。

服务标准：

①高冲时，水不可外溢。

②操作时，动作轻柔。

③水温为90摄氏度左右。

④茶具干净，无茶渍、水痕。

步骤7：入杯吉祥意

①茶艺师右手用茶则从储茶器中取出毛尖置于茶荷，用茶匙将茶叶分别投入盖碗内，铺满碗底。

②投茶时，按照从左到右的顺序进行。

服务标准：

①拨茶时，茶叶不可洒落桌面。

②投茶量为3克左右。

③投茶按照从左到右的顺序。

步骤8：毛尖露芳容

①茶艺师右手提壶，左手轻按壶盖，往盖碗倒入水至三分之一满，盖好碗盖。

②按照从左到右的顺序进行操作。

服务标准：

①倒水时，提壶不宜过高，水柱纤细。

②茶叶全部浸泡于水中。

③按照从左到右的顺序。

步骤9：回青表敬意

①茶艺师右手揭开碗盖，将其斜搁置碗托上。

②左右两边的盖碗以“凤凰三点头”法冲入七分水。

③中间一碗采用“高山流水”法冲泡。

服务标准：

①冲水时不能直接往碗中心倒入。

②茶汤为七分满。

③茶汤不可溅出碗外。

步骤10：敬奉一碗茶

①茶艺师将左右两边的“三才”碗置于茶盘上，中间一碗置于茶桌中。

②在茶艺师助手的协助下，茶艺师双手拿起碗托将茶敬奉给宾客。

服务标准：

①奉茶时盖碗平稳。

②盖碗正面面向宾客。

③面带微笑。

步骤11：品味毛尖汤

①茶艺师双手托起“三才”碗，右手揭开碗盖，轻拨茶面。

②右手将碗盖置于鼻前，轻轻扫过，以嗅其香。

③将盖碗置于身前，观赏茶汤色泽。

④品茗茶汤。

服务标准：

①轻拨茶面，将茶渣拨开。

②盖碗的高度与胸口平齐。

③分三次品茗茶汤。

步骤12：谢礼表真意

①茶艺师将分散在茶桌面的茶具，按从左往右的顺序收于茶桌中间。

②向宾客表示感谢。

服务标准：

①客人离座后，茶艺师收拾茶台。

②茶具清洗干净，并归位。

【活动设计】

一、活动条件

茶艺馆实训室；冲泡所用的开水、茶具、茶叶及其他用具。

二、安全与注意事项

茶具无破损；茶叶新鲜；随手泡摆放在不易碰撞之处，电源线板通电安全；斟茶时，避免茶水溅落到客人身上。

三、活动实施（见表1：活动实施步骤说明）

四、活动反馈（见表2：绿茶冲泡评分表）

【知识链接】

饮用绿茶的注意事项

绿茶的滋味鲜美，汤清叶绿，口感宜人，其中富含对防衰老、防癌、抗癌、杀菌、消炎等具有特殊效果的天然营养成分。其成分如下表所示（以下数据来自悦糖）：

项目	数据/100g	NRVs（%）	项目	数据/100g	NRVs（%）
热量	325kcal	16.3	膳食纤维	15.6g	62.4
蛋白质	33.8g	56.3	钙	325mg	40.6
碳水化合物	50g	16.7	铁	14.4mg	96
脂肪	2.5g	4.2	钠	28.3mg	1.4
饱和脂肪	0g	0	钾	1661mg	83.1
胆固醇	0mg	0			

但饮用绿茶也有讲究，如不注意，易对人体造成一定的伤害。如：

咖啡因的影响：绿茶中含有一定的咖啡因，且其性微寒，容易刺激肠胃，分泌胃酸，故胃寒或经常胃痛的人应该少喝或不喝。

鞣酸的影响：绿茶中的芳香族化合物能溶解脂肪，防止脂肪积滞体内，咖啡因则能促进胃液分泌，有助于消化与消脂，但女性在经期最好不要多饮用。因为绿茶中含有较多的鞣酸，会与食物中的铁分子结合，易形成大量沉淀物，妨碍肠道黏膜对铁分子的吸收。

浓茶的影响：绿茶越浓，对铁吸收的阻碍作用就越大，特别是餐后饮茶更为明显。因此，女性及贫血者，即使在平时，也最好少喝浓茶。

【课后作业】

根据冲泡技巧，选用瓷壶冲泡绿茶，并做好记录。

茶品	茶具类型	冲泡要素	第一次	第二次	第三次
	瓷壶	投茶量			
		水温			
		注水位置			
		出汤时间			
		冲泡次数			
对比小结（字数200以上）					

实验茶艺师：　　　　时间：　　　　评定等级：　　　　评分者：

表1：活动实施步骤说明

序号	步骤	操作及说明	标准
1	选择茶具	布置茶桌，选用盖碗及配套茶具。	布置茶桌，选用盖碗及配套茶具。
2	确定投茶量	根据盖碗大小确定茶叶的重量。	①使用电子秤称量茶量。
			②茶叶重3～4克。
3	确定水温	根据绿茶品质，确定冲泡水温。	①使用温度计看水温。
			②水温85～90摄氏度。
4	选择注水位置	①提起随手泡。	①落点在8点钟方向。
		②环形定点冲泡。	②螺旋形注水。
			③水柱粗细适当。
5	出汤时间	①水量达到盖碗的8分满。	①第一泡5秒。
		②盖好碗盖。	②第二泡10秒。
		③心中默数秒数。	③第三泡15秒。
6	冲泡次数	冲泡3次。	冲泡3次。
7	引导品饮	①向宾客介绍茶汤。	①引导客人欣赏展开的茶叶形状。
		②微笑示范饮茶方式。	②引导客人品饮绿茶的滋味。

表2：绿茶冲泡评分表

茶艺师：　　　　　　　　　　　　　　　　班级：

序号	举证内容	举证标准	评判结果	
			是	否
1	选择茶具	①茶桌布置符合标准。		
		②茶具配套完整，清洁干净。		
2	水温	①使用温度计看水温。		
		②水温85～90摄氏度。		
3	投茶量	使用电子秤称量茶量。茶叶重3～4克。		
4	醒茶	不需要醒茶。		
5	注水位置	①落点在8点钟方向。		
		②螺旋形注水。		
		③水柱粗细适当。		
6	出汤时间	第一泡5秒，以每泡加5秒的时间进行冲泡。		
7	冲泡次数	冲泡3次以上。		
8	引导品饮	①引导客人欣赏冲泡后展开的茶叶形状。		
		②引导客人品饮绿茶的滋味。		

检查人：　　　　　　　　　　　　　　　　时间：

01 白茶的品种与品质特征

【学习目标】

1. 能描述白茶的品种。
2. 能为宾客介绍白茶的品质特征。

【核心概念】

白茶：属微发酵茶，是一种采摘后，不经杀青或揉捻，只经过晾晒或文火干燥后加工制成的茶。

【基础知识：认识白茶】

白茶因其成品茶多为芽头且满披白毫而得名，属于轻发酵茶，发酵度在10%左右。采摘鲜叶后，不经杀青或揉捻，只经过晾晒或文火干燥后加工而成，因此，萎凋是形成白茶品质的关键工序。萎凋工艺强调将鲜叶用竹匾及时摊放，厚度均匀，不可翻动。摊青后，根据气候条件和鲜叶等级，再灵活选用室内自然萎凋、复式萎凋或加温萎凋等不同方法。当茶叶达七、八成干时，室内自然萎凋和复式萎凋都需进行并筛。

成品白茶以其外形芽毫完整，满身披毫，毫香清鲜，汤色黄绿清澈，滋味清淡回甘为特征。白茶最特别之处，在于它的白色银毫，向来有“绿妆素裹”之美感，其芽头肥壮，汤色黄亮，滋味鲜醇，叶底嫩匀。

白茶性清凉，具退热降火之功效，有一定的药理作用。

白茶的主要产区在福建福鼎、政和、松溪、建阳，以及云南景谷等地。根据茶树品种、原料（鲜叶）采摘的标准不同，白茶可分为白毫银针、白牡丹、泉城红、泉城绿、贡

眉、寿眉及新白茶等品种，其中尤以白毫银针、白牡丹、贡眉最为有名。（见第V页图）

白毫银针：产于福建福鼎、政和等地，始创于清代嘉庆年间，简称银针，又叫白毫，是白茶中的极品。其茶白毫密披、色白如银、外形似针，香气清新，汤色淡黄，滋味鲜爽，素有"茶中美女"、"茶王"之美称。

白牡丹：产于福建政和、建阳、松溪、福鼎等地，以绿叶夹银色白毫芽，形似花朵，冲泡后绿叶托着嫩芽，犹如蓓蕾初绽而得名。其茶外形条直、像雀舌，色泽嫩绿披毫，香气清香持久，滋味鲜醇浓厚回甘，汤色黄绿清澈明亮，叶底嫩黄明亮。

贡眉：又称为寿眉，主产于福建南平的松溪县、建阳市、建瓯市、浦城县等地，是白茶中产量最高的一个品种，其产量约占全国白茶总产量的50%以上。优质的贡眉成品茶毫心明显，茸毫色白且多，干茶色泽翠绿，冲泡后汤色呈橙色或深黄色，叶底匀整、柔软、鲜亮，叶片迎光看去，可透视出主脉的红色，品饮时感觉滋味醇爽，香气鲜纯。

【活动设计】

一、活动条件

茶艺馆实训室；冲泡所用的开水、茶具、茶叶及其他用具。

二、安全与注意事项

茶具无破损；茶叶新鲜。

三、活动实施（见表1：活动实施步骤说明）

四、活动反馈（见表2：辨识白茶品种检测表）

【知识链接】

三款茶叶等级的对比

茶品	等级	色泽	形状	嫩度
白牡丹	特级	叶面灰绿或翠绿，色调和，毫心银白，叶背有白茸毛。	芽叶连枝，匀整，破张少。	毫心多、显，叶张细嫩。
	一级	叶面灰绿或暗绿，毫心银白，部分嫩叶背有白茸毛。	芽叶连枝，尚匀整，有破张。	毫心显，叶张细嫩。
白毫银针	特级	银白闪亮。	条索肥壮挺直，毫密。	幼嫩、肥软。
	一级	鲜白匀亮。	条索圆浑，壮直显毫。	柔软且完整。
贡眉	特级	灰绿或墨绿，色泽调和。	芽叶连枝，叶态紧卷如眉，少破张。	毫心多而肥壮，叶张幼嫩。
	一级	墨绿，色泽尚调和。	芽叶部分连枝，叶态垂卷稍展，有破张。	毫心显露，叶张尚嫩。

【课后作业】

分小组选用三款白茶，收集白茶的历史故事、特点。

小组		组长	
工作任务			
具体分工			
模拟流程			
活动总结（不少于200字）			
自评			
小组评			
教师评			

表 1：活动实施步骤说明

序号	步骤	操作及说明	标准
1	准备白茶	①准备五款白茶。	①准备白毫银针、白牡丹、福鼎大白茶、贡眉、寿眉。
		②分别放在白色茶荷里。	②茶荷干净。
2	辨识白茶	根据白茶的外形特征，说出白茶的名称。	①说出白茶名称。
			②根据白茶品种，将五款白茶进行分类。

表 2：辨识白茶品种检测表

茶艺师： 班级：

序号	举证内容	举证标准	评判结果	
			是	否
1	准备工作	①白茶品种齐全。		
		②茶荷干净。		
2	辨识白茶	①根据外形特征说出白茶名称。		
		②正确归类白茶品种。		
		③活动结束后能收拾好茶桌。		

检查人： 时间：

02 白茶的功效

【学习目标】

1. 能描述白茶的传说。
2. 能为宾客介绍白茶的功效。

【核心概念】

白茶的功效：清代名人周亮工在《闽小记》中曾描述白茶功效同犀角，是治麻疹之圣药。可见白茶对于败火消炎有很好的辅助疗效，尤其是针对慢性咽炎、口腔炎、肠道疾病和呼吸道感染效果显著，对治疗幼儿的感冒咳嗽也有很大作用。

【基础知识：白茶的功效】

白茶的药效性能很好。白茶中含多种氨基酸，其性寒凉，具有解酒醒酒、清热润肺、平肝益血、消炎解毒、降压减脂、消除疲劳等功效，尤其针对烟酒过度、油腻过多、肝火过旺引起的身体不适、消化功能障碍等症，具有独特的保健作用。

- 白茶可用作麻疹患儿的退烧药。白茶能防癌、抗癌、防暑、解毒、治牙痛，尤其是陈年的白茶可用作患麻疹的幼儿的退烧药，其退烧效果比抗生素更好。清代名人周亮工在《闽小记》中载："白毫银针，产太姥山鸿雪洞，其性寒，功同犀角，是治麻疹之圣药。"因此，在中国华北及福建产地，白茶被广泛视为治疗养护麻疹患者的良药。

- 白茶可促进血糖平衡。白茶中除了含有其他茶叶均含有的营养成分外，还包含人体所必需的活性酶，故长期饮用白茶，可以显著提高体内的脂酶活性，促进脂肪分解代谢，有效控制胰岛素分泌量，延缓葡萄粉的肠吸收，分解体内血液多余的糖分，促进血糖平衡。

- 白茶有明目之效。白茶存放时间越长，其药用价值越高。由于白茶中含有丰富的维生素a原，它被人体吸收后，能迅速转化为维生素A，后者可合成视紫红质，能使眼睛在暗光下看东西更清楚，预防夜盲症与干眼病。同时白茶还有防辐射物质，对人体的造血机能有显著的保护作用，减少辐射的危害。
- 白茶能保肝护肝。白茶片富含的二氢杨梅素等黄酮类天然物质可以保护肝脏，加速乙醇代谢产物乙醛迅速分解，变成无毒物质，降低对肝细胞的损害。

【活动设计】

一、活动条件

茶艺馆实训室；冲泡所用的开水、茶具、茶叶及其他用具。

二、安全与注意事项

茶具无破损；茶叶新鲜。

三、活动实施（见表1：活动实施步骤说明）

四、活动反馈（见表2：介绍白茶功效检测表）

【知识链接】

白茶的科学饮用方法及注意事项

冲泡白茶，茶汤不宜太浓，一般150毫升的水用5克的茶叶就足够了。水温要求在95摄氏度以上，第一泡时间约5分钟，经过滤后将茶汤倒入茶盅即可饮用。第二泡只要3分钟即可，也就是要做到随饮随泡。一般情况下，一杯白茶可冲泡4～5次。

白茶性寒凉，对于胃“热”者可在空腹时适量饮用。胃中性者，随时饮用都无妨，而胃“寒”者则要在饭后饮用。但白茶一般情况下是不会刺激胃壁的。

饮用白茶的用具，并无太多的讲究，茶杯、茶盅、茶壶等均可。如果采用“功夫茶”的饮用茶具和冲泡办法，效果当然更好。

白茶用量，一般每人每天只要5克就足够，老年人更不宜太多。其他茶也是如此，饮多了就会“物极必反”，反而起不到保健的作用。尤其是肾虚体弱者、心跳过快的心脏病人、严重高血压患者、严重便秘者、严重神经衰弱者、缺铁性贫血者，都不宜喝浓茶，也不宜空腹喝茶，否则可能引起“茶醉”现象。

【课后作业】

以小组为单位，选一款白茶，分别用盖碗、玻璃杯进行对比冲泡，并完成下表。

茶叶	外形	色泽	滋味	汤色
	冲泡要素	第一次	第二次	第三次
	投茶量			
	水温			
	注水位置			
	出汤时间			
	冲泡次数			
小结（200字以上。结合茶汤的滋味、汤色、香味进行总结）				

实验茶艺师：　　　　时间：　　　　评定等级：　　　　评分者：

表1：活动实施步骤说明

序号	步骤	标准
1	准备茶样	一款白茶。茶样新鲜。
2	介绍茶样特点	①语言表达精确。
		②茶样的特点表述正确。
3	根据茶样的工艺特点介绍功效	①茶样的特色工艺介绍到位。
		②茶样的功效特点介绍较突出。

表2：介绍白茶功效检测表

茶艺师：　　　　班级：

序号	举证内容	举证标准	评判结果	
			是	否
1	选择一款白茶	选择一款白茶。茶样新鲜。		
2	介绍茶样特点	①语言表达精确。		
		②茶样的特点表述正确。		
3	介绍茶样功效	①茶样的特色工艺介绍到位。		
		②茶样的功效特点介绍较突出。		

检查人：　　　　时间：

03 白茶的冲泡器皿

【学习目标】

1. 能描述所选茶器的特点。
2. 能根据白茶的品质特征，选择适合冲泡白茶的器皿。

【核心概念】

飘逸杯：飘逸杯是台湾茶具业第一家也是唯一荣获台湾精品及设计优良产品标志的简易泡茶器具。

【基础知识：冲泡白茶的器具】

现代生活中，人们用以冲泡白茶的器具主要有以下三种，其中每种类型的器具都可以突显白茶茶性。

- 玻璃杯：以玻璃杯冲泡，能欣赏茶叶在水中舞动的景象，有助于提升品饮乐趣。
- 盖碗：选用白瓷盖碗，更能衬托出茶汤的特点。为避免焖熟茶叶，冲泡后，碗盖应置于盖置上或扣在盖碗底座上。
- 飘逸杯：飘逸杯的冲泡方法为都市人提供了快捷的品茶方式。

根据广东的地域、气候，以及大部分人品茶的特点，茶艺馆在经营中一般会选用180毫升容量的盖碗作为主要的器具来冲泡白茶。

【活动设计】

一、活动条件

茶艺馆实训室；冲泡所用的开水、茶具、茶叶及其他用具。

二、安全与注意事项

茶具无破损；茶叶新鲜；随手泡摆放在不易碰撞之处，电源线板通电安全；斟茶时，避免茶水溅落到客人身上。

三、活动实施（见表1：活动实施步骤说明）

四、活动反馈（见表2：三种器具对比冲泡检测表）

【知识链接】

泡茶用具

一、主泡器——茶壶

茶壶是用以泡茶的主要器具，既可直接用来泡茶，独自酌饮，也可用小茶壶当茶盅用。

茶壶由壶盖、壶身、壶底和圈足四部分组成。壶盖有孔、钮、座等细部。壶身有口、延（唇墙）、嘴、流、腹、肩、把（柄、板）等细部。根据茶壶各部分的差异，壶的基本形态有近200种。具体如下表。

划分标准	名称	特征
以壶把划分	侧提壶	壶把呈耳状，正对着壶嘴
	提梁壶	壶把在盖上方，呈虹状
	飞天壶	壶把在壶身一侧上方，呈彩带飞舞状
	握把壶	壶把圆直形，与壶身呈90度
	无把壶	壶把省略，手持壶身头部倒茶
以壶盖划分	压盖	盖平压在壶口之上，壶口不外露
	嵌盖	盖嵌入壶内，盖沿与壶口平
	截盖	盖与壶身浑然一体，只显截缝
以壶底划分	捺底	将壶底心捺成内凹状，不另加足
	钉足	在壶底加上三颗外突的足
	加底	在壶底四周加一圈足
以有无滤胆划分	普通壶	无滤胆的各种茶壶
	滤壶	壶口安放一只直桶形的滤胆或滤网隔开茶渣与茶汤的茶壶

二、辅助用具

辅助用具即泡茶、饮茶时增加美感、方便操作的各种辅助性器具，主要有：

①铺垫：是茶席整体或局部物件摆放下的各种铺垫、衬托、装饰物的统称，常用棉、麻、化纤、竹、草杆编织而成。

②茶盘：摆置茶具，用以泡茶的基座。用竹、木、金属、陶瓷、石等制成。

③茶巾：用以擦洗、抹拭茶具的棉织物，或用来抹干泡茶、分茶时溅出的水滴，或用来吸干壶底、杯底之残水，或在注水、续水时托垫壶底，也可用来擦拭清洁桌面。

④茶巾盘：放置茶巾的用具。竹、木、金属、搪瓷等均可制作。

⑤奉茶盘：盛放茶杯、茶碗、茶食或其他茶具的盘子，多为竹、木、塑料、金属制品。

⑥茶荷：是控制置茶量的器皿，一般用竹、木、陶、瓷、锡等制成。也可作观赏干茶样和置茶分样用。

⑦茶则：可衡量茶叶用量，确保投茶量准确。常用以从罐中取茶入壶或杯。多为竹木制品。

⑧茶匙：取茶或搅拌茶汤用具。常与茶荷搭配使用，从贮茶器中取干茶。

⑨茶夹：用来清洁杯具或夹取杯具，或将茶渣自茶壶中夹出。

⑩茶针：由壶嘴伸入流中疏通茶叶阻塞，使之出水顺畅的工具，通常以竹、木制成。

⑪茶箸：形同筷子，也用于夹出茶渣，亦可用于搅拌茶汤。

⑫茶漏：圆环形小漏斗。投茶时将其置壶口，可使茶叶从中漏进壶中，以防洒到壶外。

⑬盖置：承托壶盖、盅盖、杯盖的器具，可保持盖子清洁及避免沾湿桌面，有托垫式和支撑式两种。

⑭壶垫：圆形垫壶织品，用以保护茶壶。

【课后作业】

以小组为单位，选一款白茶，分别用盖碗、玻璃杯进行对比冲泡，并完成下表。

茶品	茶具类型	冲泡要素	第一次	第二次	第三次
	盖碗	投茶量			
		水温			
		注水位置			
		出汤时间			
		冲泡次数			
	玻璃杯	投茶量			
		水温			
		注水位置			
		出汤时间			
		冲泡次数			
对比小结（200字以上）		（结合茶汤的滋味、汤色、香味进行总结）			

实验茶艺师：　　　　**时间：**　　　　**评定等级：**　　　　**评分者：**

表1：活动实施步骤说明

序号	步骤	操作及说明	标准
1	准备茶具	准备白瓷盖碗、玻璃杯、飘逸杯。	①茶样新鲜。
			②一款白茶。
2	准备茶叶	准备5克白牡丹茶。	①白牡丹茶叶新鲜。
			②重量5克。
3	冲泡	①水温90摄氏度。	①水温90摄氏度。
		②水柱落点位统一在8点钟方向。	②水柱落点位统一在8点钟方向。
		③出汤时间是10秒。	③出汤时间是10秒。
		④对比第二泡茶汤。	④对比第二泡茶汤。
4	对比结论	①对比汤色。	①结论描述清楚。
		②对比香味。	②语言简练。
		③对比滋味。	

表2：三种器具对比冲泡检测表

茶艺师：　　　　　　　　　　班级：

序号	举证内容	举证标准	评判结果	
			是	否
1	准备茶具	①三种器具容量一致：150毫升。		
		②茶具干净。		
2	准备茶叶	①白牡丹茶叶新鲜。		
		②重量5克。		
3	冲泡	①水温90摄氏度。		
		②水柱落点位统一在8点钟方向。		
		③出汤时间是10秒。		
		④对比第二泡茶汤。		
4	对比结论	①结论描述清楚。		
		②语言简练。		

检查人：　　　　　　　　　　时间：

04 冲泡白茶

【学习目标】

1. 能描述冲泡白茶的流程。
2. 运用茶叶冲泡的五要素知识，为宾客冲泡一壶白茶。

【核心概念】

老白茶：又名白金茶，即贮存多年的白茶（“多年”指在一个合理的保质期内，如10~20年）。白茶在多年的存放过程中，茶叶内部成分会发生缓慢的变化，香气成分逐渐挥发、汤色逐渐变红、滋味变得醇和，茶性也逐渐由凉转温。

【基础知识：白茶冲泡流程】

- 水温：白茶属于轻度发酵茶，因此冲泡白茶一般采用高温水，即90~100摄氏度。
- 投茶量：根据品饮人数以及白茶的特点，用量在5克左右，茶叶、水的比例约为1∶45。
- 醒茶：白茶属于轻发酵茶，作为新鲜且采用了等级较高的鲜茶叶作为原材料的白茶，是不需要醒茶的；如果是五年以上的老白茶，则需要醒茶一次。
- 注水位置：以盖碗为例。盖碗的碗身形如倒钟，碗口可视作一个钟面，注水位置即由“钟面”所对应的时间点的位置来确定。白茶一般采用高冲的方式来冲泡，水自高点下注，落点在“钟面”的8点钟方向，螺旋形注水可令盖碗的边缘部位以及面上的茶底都直接接触到注入的水，增加溶合度，使白茶在盖碗内翻滚、散开，更充分地泡出茶味。茶艺师可以通过螺旋形注水控制水线的高低与粗细，从而达到微调茶汤滋味的目的。
- 出汤时间：第一泡10秒，第二泡20秒，以此类推，逐渐递加10秒的时间来出汤。

- 冲泡次数：一般控制在8～10次，之后营养成分已完全溶解，滋味变淡。可烹煮。
- 引导品饮：茶艺师奉茶。白茶的品饮重在介绍其功效。

此外，白茶也可以用玻璃杯冲泡。其冲泡过程如下：

- 备具：透明玻璃杯3个，储茶器、茶则、茶匙、茶荷、随手泡各1个。
- 赏茶：用茶则取出白茶，置于茶荷，供宾客欣赏干茶的形与色。
- 温具：用温水提升玻璃杯的温度。
- 置茶：使用茶匙，将茶荷里的白茶平均置于玻璃杯中。
- 浸润：采用高冲方式定点于8点钟方向冲水至三分之一杯，让茶叶浸润约10秒。
- 冲泡：10秒后，用高冲法定点在8点钟方向冲水至杯的七分满。
- 奉茶：有礼貌地用双手端杯，奉给宾客饮用。

【活动设计】

一、活动条件

茶艺馆实训室；冲泡所用的开水、茶具、茶叶及其他用具。

二、安全与注意事项

茶具无破损；茶叶新鲜；随手泡摆放在不易碰撞之处，电源线板通电安全；斟茶时，避免茶水溅落到客人身上。

三、活动实施（见表1：活动实施步骤说明）

四、活动反馈（见表2：白茶冲泡评分表）

【知识链接】

老白茶与新制白茶的对比

老白茶和新白茶除了存放时间不同外，外形、茶水、茶香和茶叶的耐泡程度也有差异。

项目	新茶	老茶
储存时间	保质期两年。	存放10～20年。
外形	一般色泽褐绿或者灰绿而白毫满布。	整体色泽黑褐暗淡。
茶汤	毫香幽幽，口感较为清淡，有茶青的生叶味，非常鲜爽。	颜色较深，有清幽香气，略带毫香，且头泡带有淡淡的中药香味。
香型	夹杂着清甜和茶青的味道。	具陈年幽香。
耐泡度	7泡且滋味尚佳者为新茶上品。	耐泡，可连续冲泡20次，且越到后面滋味更佳。

【课后作业】

以小组为单位，选一款白茶，使用盖碗、玻璃杯进行对比冲泡，并完成以下表格。

<table>
<tr><th>茶叶</th><th>外形</th><th>色泽</th><th>滋味</th><th>汤色</th></tr>
<tr><td rowspan="7"></td><td></td><td></td><td></td><td></td></tr>
<tr><td>冲泡要素</td><td>第一次</td><td>第二次</td><td>第三次</td></tr>
<tr><td>投茶量</td><td></td><td></td><td></td></tr>
<tr><td>水温</td><td></td><td></td><td></td></tr>
<tr><td>注水位置</td><td></td><td></td><td></td></tr>
<tr><td>出汤时间</td><td></td><td></td><td></td></tr>
<tr><td>冲泡次数</td><td></td><td></td><td></td></tr>
<tr><td>小结（200字以上）</td><td colspan="4">（结合茶汤的滋味、汤色、香味进行总结）</td></tr>
</table>

实验茶艺师：　　　　时间：　　　　评定等级：　　　　评分者：

表1：活动实施步骤说明

序号	步骤	操作及说明	标准
1	选择茶具	①布置茶桌。	①茶桌布置符合标准。
		②选用盖碗及配套茶具。	②茶具配套完整，清洁干净。
2	确定投茶量	根据盖碗的大小确定茶叶的重量。	①使用电子秤称量茶量。
			②茶叶重5克。
3	确定水温	根据白茶的品质，确定冲泡的水温。	①使用温度计看水温。
			②水温90～100摄氏度。
4	选择注水位置	①提起随手泡。	①落点在8点钟方向。
			②螺旋形注水。
		②环形定点冲泡。	③水柱粗细适当。
5	出汤时间	①水量达到盖碗的8分满。	①第一泡10秒。
		②盖好碗盖。	②第二泡20秒。
		③心中默数，约1秒一下。	③第三泡30秒。
6	冲泡次数	冲泡3次。	冲泡3次。
7	引导品饮	①向宾客介绍茶汤。	①引导客人欣赏冲泡后的茶叶形状。
		②微笑示范饮茶方式。	②引导客人品饮白茶的滋味。

表 2：白茶冲泡评分表

茶艺师：　　　　　　　　　　　　班级：

序号	举证内容	举证标准	评判结果	
			是	否
1	茶具选择	①茶桌布置符合标准。		
		②茶具配套完整，清洁干净。		
2	水温	①使用温度计看水温。		
		②水温90～100摄氏度。		
3	投茶量	①使用电子秤称量茶量。		
		②茶叶重5克。		
4	醒茶	不需要醒茶（老白茶除外）。		
5	注水位置	①落点在8点钟方向。		
		②螺旋形注水。		
		③水柱粗细适当。		
6	出汤时间	第一泡10秒，以每次加10秒的时间进行冲泡。		
7	冲泡次数	冲泡3次以上。		
8	引导品饮	①引导客人欣赏冲泡后展开的茶叶形状。		
		②引导客人品饮白茶的滋味。		

检查人：　　　　　　　　　　　　时间：

01 黄茶的品种与品质特征

【学习目标】

1. 能描述黄茶的品种。
2. 能为宾客介绍黄茶的品质特征。

【核心概念】

黄茶：属轻发酵茶类，加工工艺近似绿茶，只是在干燥过程的前或后，增加一道“闷黄”的工艺，促使其多酚、叶绿素等物质部分氧化。

【基础知识：认识黄茶】

黄茶属轻发酵茶类，发酵度在10%~20%，其加工工艺近似绿茶，只是在干燥过程中增加了一道“闷黄”的工艺，以促使其多酚、叶绿素等物质部分氧化。这道工艺是形成黄茶特点的关键，主要做法是将杀青或揉捻或烘后的茶叶用纸包好，或堆积后以湿布盖上，利用水热作用的原理，经过几十分钟或几个小时不等的闷堆，促使茶坯在水热作用下进行非酶性的自动氧化。

黄茶最早出现在明代，据说是在炒制绿茶的过程中，由于技术上的失误，使鲜叶变黄，从而形成的一个新品种。

根据鲜叶老嫩程度不同，黄茶有芽茶和叶茶的分别。其中叶茶根据叶片大小的不同，又可以分为黄小茶和黄大茶。黄芽茶（以最细嫩的单芽或一芽一叶为原料）主要有君山银针、蒙顶黄芽和霍山黄芽、远安黄茶，沩山毛尖、平阳黄汤、雅安黄茶等均属黄小茶

（芽叶细嫩或一芽一叶），黄大茶（一芽二、三叶甚至一芽四、五叶为原料）则有安徽金寨、霍山、六安、岳西和湖北英山所产的“黄大茶”和广东韶关、肇庆、湛江等地的“广东大叶青”。

黄茶的品质特点是黄汤黄叶。形成黄茶品质的主导因素是热化作用，热化作用分为湿热和干热。湿热是在水分较多的情况下，通过一定的温度控制闷黄的时间，形成黄茶的茶汤与滋味特点。干热是在水分较少的情况下，以一定的温度来控制，形成了黄茶特有的香气。

中国主要的黄茶品种有君山银针、霍山黄芽、蒙顶黄芽、广东大叶青等。（见第V页图）

君山银针：产于湖南省岳阳市君山区洞庭湖边的君山。其茶外形匀整，满披白毫，芽身金黄，色泽明亮；茶香气清高，味醇甘爽，汤色黄，叶底肥厚。

霍山黄芽：产于安徽省霍山县大化坪镇金鸡山、太阳乡金竹坪，是唐代20种名茶之一，直到清代，霍山黄芽都在贡茶之列。明朝时，六安州志中就已有记载：明时六安贡茶制定于未分霍山县之前，原额茶二百袋，霍山办茶一百七十五袋。该茶外形条直、像雀舌，色泽嫩绿披毫，香气清香持久，滋味鲜醇、浓厚回甘，汤色黄绿、清澈明亮，叶底嫩黄明亮。

蒙顶黄芽：产于四川省雅安市蒙顶山，为蒙山茶中的极品。其栽培始于西汉，距今已有二千年的历史，古时为贡品供历代皇帝享用，新中国成立后曾被评为全国十大名茶之一。该茶外形扁直，色泽微黄，芽毫毕露，甜香浓郁，汤色黄亮，滋味鲜醇回甘，叶底全芽，嫩黄匀齐。

广东大叶青：产于广东省韶关、肇庆、湛江等县市，为广东的特产，其制法与其他黄茶不同：先萎凋后杀青，再揉捻闷堆。该茶外形条索肥壮、紧结、重实，老嫩均匀，叶张完整、显毫，色泽青润显黄，香气纯正，滋味浓醇回甘，汤色橙黄明亮，叶底淡黄。

【活动设计】

一、活动条件

茶艺馆实训室；冲泡所用的开水、茶具、茶叶及其他用具。

二、安全与注意事项

茶具无破损；茶叶新鲜。

三、活动实施（见表1：活动实施步骤说明）

四、活动反馈（见表2：辨识黄茶品种检测表）

【知识链接】

闷黄对黄茶品质的作用

闷黄是形成黄茶品质的关键工序。在杀青、闷黄过程中，叶绿素被大量破坏和分解而减少，叶黄素显露，最终形成黄茶黄汤黄叶、香气清悦、滋味醇爽的品质特征。

闷黄是在杀青基础上进行的，杀青温度不需要太高，只需达到破坏酶的活性，制止酚类化合物的酶性氧化即可。经过杀青后，叶内蛋白质凝固变性与多酚类化合物的氧化产物——茶红素的结合力减弱，从而保留较多的可溶态多酚类化合物。而在闷黄过程中，由于湿热作用，多酚类化合物总量减少很多，特别是C-EGCG和L-EGC大量减少，由于这些酯型儿茶素自动氧化和异构化，改变了多酚类化合物的苦涩味，形成黄茶特有的金黄色泽和较绿茶醇和的滋味。

闷黄可分为湿坯闷黄和干坯闷黄。

湿坯闷黄是在杀青或揉捻后进行的，这种方法叶子含水量高，变化快。如沩山毛尖杀青后热堆，经6～8小时即可变黄；平阳黄汤杀青后，趁热快揉、重揉后闷堆于竹篓内1～2小时就变黄；北港毛尖则于炒、揉后，覆盖棉套半小时（俗称“拍汗”）促其变黄。

干坯闷黄是在初烘后进行的，这种方法由于水分少，变化较慢，黄变时间较长。如君山银针，初烘至约五成干后摊凉，以牛皮纸包好，初包闷黄40～48小时后，复烘至八成干，复包24小时，方能达到黄变要求；黄大茶初烘至七八成干，趁热装入高深口小的篾篮内闷堆，置于烘房5～7天，以促其黄变；霍山黄芽则烘至七成干，堆积1～2天才能变黄。

【课后作业】

分小组选用三款黄茶，收集黄茶的历史故事、特点。

小组		组长	
工作任务			
具体分工			
模拟流程			
活动总结（不少于200字）			
自评			
小组评			
教师评			

表 1：活动实施步骤说明

序号	步骤	操作及说明	标准
1	准备黄茶	①准备三款黄茶。	①准备君山银针、霍山黄芽、蒙顶黄芽。
		②分别放在白色茶荷里。	②茶荷干净。
2	辨识黄茶	根据黄茶的外形特征，说出黄茶的名称。	①说出黄茶名称。
			②根据黄茶品种，将三款黄茶分类。

表 2：辨识黄茶品种检测表

茶艺师： 班级：

序号	举证内容	举证标准	评判结果	
			是	否
1	准备工作	①黄茶品种齐全。		
		②茶荷干净。		
2	辨识黄茶	①根据外形特征说出黄茶名称。		
		②正确归类黄茶品种。		
		③活动结束后能收拾好茶桌。		

检查人： 时间：

02 黄茶的传说与功效

【学习目标】

1. 能描述黄茶的传说。
2. 能为宾客介绍黄茶的功效。

【核心概念】

黄茶的功效：黄茶具有提神醒脑、消除疲劳、消食化滞等功效，且对脾胃最有好处，举凡消化不良、食欲不振、懒动肥胖等，都可饮而化之。

【基础知识：黄茶的传说与功效】

在黄茶的众多品种中，关于君山银针的传说较多。传说君山茶的第一颗种子还是四千多年前娥皇、女英播下的。后唐明宗李嗣源第一回上朝时，侍臣沏茶，开水刚倒入杯中，就看到一团白雾腾空而起，慢慢地出现了一只白鹤。白鹤对明宗点了三下头，便冲天而上。再往杯子里看，杯中的茶叶如破土而出的春笋，齐崭崭地悬空竖起。过了一会，又慢慢下沉，就像是雪花坠落一般。侍臣对唐明宗说，这是君山的白鹤泉（即柳毅井）水泡黄翎毛（即银针茶）的缘故。明宗大悦，立即下旨把君山银针定为“贡茶”。

黄茶的功效也不少：

- 黄茶是沤茶，在沤的过程中，会产生大量的消化酶，对脾胃最有好处，故举凡消化不良、食欲不振、懒动肥胖等等病症，都可饮而化之。
- 纳米黄茶能更好发挥黄茶原茶的功放，这是因为纳米黄茶更能穿入脂肪细胞，使其在消化酶的作用下恢复代谢功能，将脂肪化除。
- 黄茶中富含茶多酚、氨基酸、可溶糖、维生素等丰富营养物质，对防治食道癌有明显功效。

- 黄茶鲜叶中天然物质的保留高达85%以上，而这些物质对防癌、抗癌、杀菌、消炎均有特殊效果，为其他茶叶所不及。

【活动设计】

一、活动条件

茶艺馆实训室；冲泡所用的开水、茶具、茶叶及其他用具。

二、安全与注意事项

茶具无破损；茶叶新鲜。

三、活动实施（见表1：活动实施步骤说明）

四、活动反馈（见表2：介绍黄茶功效检测表）

【知识链接】

杀青对黄茶品质的影响

由于黄茶品质要求黄叶黄汤，黄茶制作过程中，杀青的温度与技术就有其特殊之处。杀青时，黄茶的锅温较绿茶低，一般为120～150摄氏度。杀青采用多闷少抖，营造高温湿热条件，使叶绿素受到较多破坏，多酸氧化酶、过氧化物酶失去活性，多酚类化合物发生自动氧化和异构化，淀粉水解为单糖，蛋白质分解为氨基酸，都为形成黄茶的醇厚滋味创造了条件。

【课后作业】

选择君山银针进行冲泡，深入了解黄茶的特点。

茶叶	外形	色泽	滋味	汤色
	冲泡要素	第一次	第二次	第三次
	投茶量			
	水温			
	注水位置			
	出汤时间			
	冲泡次数			
小结（200字以上）	（结合茶汤的滋味、汤色、香味进行总结）			

实验茶艺师： **时间：** **评定等级：** **评分者：**

表 1：活动实施步骤说明

序号	步骤	操作及说明	标准
1	准备茶样	选择一款黄茶。	①一款黄茶。 ②茶样新鲜。
2	根据茶样介绍功效	①介绍茶样的特点。	①语言表达精确。
			②茶样的特点表述正确。
		②根据茶样的工艺特点介绍功效。	③茶样的特色工艺介绍到位。
			④茶样的功效特点介绍较突出。

表 2：介绍黄茶功效检测表

茶艺师： **班级：**

序号	举证内容	举证标准	评判结果	
			是	否
1	选择一款黄茶	①选择一款黄茶。		
		②茶样新鲜。		
2	介绍茶样特点	①语言表达精确。		
		②茶样的特点表述正确。		
3	介绍茶样功效	①茶样的特色工艺介绍到位。		
		②茶样的功效特点介绍较突出。		

检查人： **时间：**

03 黄茶的冲泡器皿

【学习目标】

1. 能描述所选茶器的特点。
2. 能根据黄茶的品质特征，选择适合冲泡黄茶的器皿。

【核心概念】

茶船：茶船的主要作用是防止茶壶烫伤桌面、冲泡水溅到桌面。除此之外，有时它还可作为“湿壶”“淋壶”时蓄水用，或观看叶底用，或盛放茶渣和涮壶水用，且可以增加美观。

【基础知识：冲泡黄茶的器具】

日常生活中，可以突显黄茶茶性的冲泡器具主要有以下三种：

- 玻璃杯：以玻璃杯冲泡，可见黄茶的芽尖冲上水面，悬空竖立，下沉时如雪花下坠，沉入杯底，状似鲜笋出土，又如刀剑林立。再冲泡，再竖起。通过玻璃杯，一共能观赏到黄茶三起三落的“茶舞”。
- 盖碗：选用白瓷盖碗，更能衬托出“黄汤”的特点。为避免焖熟茶叶，冲泡后，碗盖一般应置于盖置上或扣在盖碗底座上。
- 飘逸杯：飘逸杯的冲泡方法为都市人提供了快捷的品茶方式。

根据广东的地域、气候，以及大部分人品茶的特点，茶艺馆在经营中一般会选用180毫升容量的盖碗作为主要的器具来冲泡黄茶。

【活动设计】

一、活动条件

茶艺馆实训室；冲泡所用的开水、茶具、茶叶及其他用具。

二、安全与注意事项

茶具无破损；茶叶新鲜；随手泡摆放在不易碰撞之处，电源线板通电安全；斟茶时，避免茶水溅落到客人身上。

三、活动实施（见表1：活动实施步骤说明）

四、活动反馈（见表2：三种器具对比冲泡检测表）

【知识链接】

如何选择茶船与品茗杯

茶船又名“茶托”或“盏托”，是一种承置茶盏以防烫手的承盘，因其形似小舟，故得名。

从形状上看，茶船有盘形、碗形，碗状优于盘状，而有夹层者更优于碗状。这是因为碗状茶船既可蓄盛废水，盛热水时又可供暖壶烫杯之用，日常还可用于养壶。这些都是盘状茶船无法做到的。但碗状茶船的缺点在于，茶壶的下半部浸于水中，日久天长会令茶壶上下部分色泽有异。有夹层的茶船可以解决这一问题：下层用于蓄废水，上层则可实现茶船的各个功效，十分利于操作与日常养壶。

从大小上看，茶船围沿须大于壶体的最宽处，尤其是碗状和有夹层的茶船，因需用于蓄水，所以其容水量至少应是茶壶容水量的2倍，当然，也不宜过大，应与茶壶比例协调。

从造型与色彩上看，茶船应与茶壶的造型、色泽、风格一致，方能起到和谐的效果。

品茗杯是用于品茶及观赏汤色的专用茶杯。为便于品饮，品茗杯通常要求其持拿不烫手，啜饮方便。这种杯造型丰富多样，使用时感觉亦不尽相同，下面介绍挑选时的一般准则：

杯口：杯口需平整。选购时可将杯子倒置平板上，两指按住杯底左右旋转，若发出叩击声，则杯口不平，反之则平整。通常翻口杯比直口杯、收口杯更易于拿取，且不易烫手。

杯身：从便利性上看，盏形杯不必抬头即可饮尽茶汤，直口杯则须抬头，而收口杯须仰头。选购时可在了解上述情况后再根据各人喜好选择。

杯底：选择方法同杯口，要求平整。

大小：宜与茶壶匹配，小壶配以容水量为20～50毫升的小杯，过小或过大都不适宜，杯深应不小于2.5厘米，以便持拿；大茶壶配以容量为100～150毫升的大杯，兼有品饮与解渴的双重功能。

色泽：杯外侧应与壶的色泽一致，内侧的颜色由于对汤色的影响极大，故为观看茶汤的真实色泽，一般会选用白色内壁。当然，有时为增加视觉效果，也可以选用一些特殊色泽的品茗杯，如青瓷有助于绿茶茶汤“黄中带绿”的效果，牙白色瓷可使桔红色的茶汤更显娇柔，紫砂和黑釉等本色，于观看茶汤的色泽、明亮度没有帮助，但在饮用时可令茶汤滋味更加醇厚。

数量：配备杯子一般为双数，最好能买些备用杯，作为破损后的替补。在选购成套茶具时，可在壶中盛满水，再一一注入杯子，即可测知杯、壶是否相配。冲泡时，茶叶会占去茶壶体积的20%~30%。斟茶则杯中茶汤为七八分满即可。一壶一杯，宜独坐品茗、感悟人生；一壶三杯，宜一二知己煮茶夜谈；一壶五杯，宜亲友相聚、品饮休闲；若人数再多，则宜用几套壶具或索性泡大桶茶，也其乐融融。

【课后作业】

以小组为单位，选一款黄茶，使用不同茶具盖碗、玻璃杯进行对比冲泡，并完成以下表格。

茶品	茶具类型	冲泡要素	第一次	第二次	第三次
	盖碗	投茶量			
		水温			
		注水位置			
		出汤时间			
		冲泡次数			
	玻璃杯	投茶量			
		水温			
		注水位置			
		出汤时间			
		冲泡次数			
对比小结（200字以上）					

实验茶艺师： **时间：** **评定等级：** **评分者：**

表 1：活动实施步骤说明

序号	步骤	操作及说明	标准
1	选择茶具	准备白瓷盖碗、玻璃杯。	①容量一致：150毫升。
			②茶具干净。
2	准备茶叶	准备5克君山银针。	①使用电子秤称量茶量。
			②茶叶重5克。
3	冲泡	①水温80摄氏度。	①水温80摄氏度。
		②水柱落点位统一在8点钟方向。	②水柱落点位统一在8点钟方向。
		③出汤时间是10秒。	③出汤时间是10秒。
		④对比第二泡茶汤。	④对比第二泡茶汤。
4	对比结论	①对比汤色。	①结论描述清楚。
		②对比香味。	
		③对比滋味。	②语言简练。

表 2：三种器具对比冲泡检测表

茶艺师：　　　　　　　　　　　　班级：

序号	举证内容	举证标准	评判结果	
			是	否
1	准备茶具	①三种器具容量一致：150毫升。		
		②茶具干净。		
2	准备茶叶	①黄茶茶叶新鲜。		
		②重量5克。		
3	冲泡	①水温80摄氏度。		
		②水柱落点位统一在8点钟方向。		
		③出汤时间是10秒。		
		④对比第二泡茶汤。		
4	对比结论	①结论描述清楚。		
		②语言简练。		

检查人：　　　　　　　　　　　　时间：

04 冲泡黄茶

【学习目标】

1. 能描述冲泡黄茶的流程。
2. 运用茶叶冲泡的五要素知识，为宾客冲泡一壶黄茶。

【核心概念】

冲泡黄茶的水温：用沸腾的开水冲泡黄茶，会破坏很多营养物质，如维生素C、P等，还易溶出过多的鞣酸等物质，使茶带苦涩味。因此，水温一般应在75~80摄氏度。

【基础知识：黄茶冲泡流程（以盖碗为例）】

以盖碗品饮黄茶，可供个人单独使用，但日常生活中，多采用的是功夫品饮的方式。

- 水温：黄茶属于轻度发酵茶，因此冲泡时水温一般为75~80摄氏度。
- 投茶量：根据品饮人数及黄茶特点，茶叶用量为4~5克，即茶叶与水的比例约为1:30。
- 醒茶：黄茶属于快速出滋味的茶类，又采用等级较高的鲜茶叶为原材料，无需醒茶。
- 注水位置：以盖碗为例。由于盖碗的碗身形如倒钟，碗口可以看成是一个钟面，而注水位置可以用“钟面”所对应的时间点的位置来确定。当然，根据客人对品饮茶的不同要求，注水点位置也可以随之变化。品饮黄茶一般品滋味，采用高冲的方式来冲泡茶叶。高冲需提高随手泡，水自高点下注，落点在“钟面”的8点钟方向，以螺旋形注水，这样的水线可令盖碗的边缘部位以及面上的茶底都直接接触到注入的水，令茶叶与水在注水的第一时间增加溶合度，使黄茶在盖碗内翻滚、散开，以更充分地泡出茶味。茶艺师可以通过螺旋形注水控制水线的高低与粗细，从而达到微调茶汤滋味的目的。

● 出汤时间：因为注水位置的选定，茶汤滋味有了变化，茶艺师出汤时间一般确定为：第一泡10秒，第二泡20秒，以此类推，逐渐递加10秒的时间来出汤。这也是考虑到品饮者的口感需求而有所变化。

● 冲泡次数：一般控制在5～8次，5次后，营养成分已完全溶解，滋味随之变淡。

● 引导品饮：茶艺师奉茶。黄茶的品饮重在黄汤黄叶的欣赏。

【活动设计】

一、活动条件

茶艺馆实训室；冲泡所用的开水、茶具、茶叶及其他用具。

二、安全与注意事项

茶具无破损；茶叶新鲜；随手泡摆放在不易碰撞之处，电源线板通电安全；斟茶时，避免茶水溅落到客人身上。

三、活动实施（见表1：活动实施步骤说明）

四、活动反馈（见表2：黄茶冲泡评分表）

【知识链接】

冲泡蒙顶黄芽的方法

冲泡蒙顶黄芽，其用水以清澈的山泉为佳，茶具最好用透明的玻璃杯，并用玻璃片作盖。杯子高度10～15厘米，杯口直径4～6厘米，每杯茶叶用量为3克，其冲泡程序具体如下：

用开水清洁茶具、预热茶杯，并擦干杯，以避免茶芽吸水而不竖立。用茶匙轻轻从罐中取出蒙顶黄芽约3克，放入茶杯待泡。用水壶将70摄氏度左右的开水，先快后慢冲入杯中1/2处，使茶芽湿透。稍后再冲至七八分满为止。约5分钟后，去掉玻璃盖片。

蒙顶黄芽冲泡后，可看见茶芽渐次直立，上下沉浮，芽尖上还有晶莹的气泡。刚冲泡时，蒙顶黄芽是横卧水面的，加盖后，茶芽吸水下沉，芽尖产生气泡，犹如雀舌含珠，似春笋出土。

接着，沉入杯底的直立茶芽在气泡的浮力作用下，再次浮升。如此上下沉浮，妙不可言。当启开玻璃盖片时，会有一缕白雾从杯中冉冉升起，然后缓缓消失。赏茶之后，可端杯闻香，之后便可品饮。

一般来说，蒙顶黄芽的茶叶浸泡4～6分钟后饮用最佳。因为此时已有80%的咖啡因和60%的其他可溶性物质被浸泡出来，若时间太长，茶水就会有苦涩味。另外，放在暖水瓶或炉灶上长时间滚煮的水，易发生化学变化，不宜再饮用。

蒙顶黄芽是有益于身体健康的上乘饮料。但是饮茶还需要讲究科学，才能达到提精神益思维、解口渴去烦恼、消除疲劳、益寿保健的目的。

【课后作业】

对君山银针、蒙顶黄芽进行对比冲泡，深入了解黄茶的特点。

茶叶	外形	色泽	滋味	汤色
	冲泡要素	第一次	第二次	第三次
	投茶量			
	水温			
	注水位置			
	出汤时间			
	冲泡次数			
小结（200字以上）	（结合茶汤的滋味、汤色、香味进行总结）			

实验茶艺师：　　　　时间：　　　　评定等级：　　　　评分者：

表 1：活动实施步骤说明

序号	步骤	操作及说明	标准
1	选择茶具	①布置茶桌。	①茶桌布置符合标准。
		②选用盖碗及配套茶具。	②茶具配套完整，清洁干净。
2	确定投茶量	根据盖碗的大小确定茶叶的重量。	①使用电子秤称量茶量。
			②茶叶重5克。
3	确定水温	根据黄茶的品质，确定冲泡的水温。	①使用温度计看水温。
			②水温75～80摄氏度。
4	选择注水位置	①提起随手泡。	①落点在8点钟方向。
		②环形定点冲泡。	②螺旋形注水。
			③水柱粗细适当。
5	出汤时间	①水量达到盖碗的8分满。	①第一泡10秒。
		②盖好碗盖。	②第二泡20秒。
		③心中默数，约1秒一下。	③第三泡30秒。
6	冲泡次数	冲泡3次。	冲泡3次。
7	引导品饮	①向宾客介绍茶汤。	①引导客人欣赏冲泡后展开的茶叶形状。
		②微笑示范饮茶方式。	②引导客人品饮黄茶的滋味。

表2：黄茶冲泡评分表

茶艺师：　　　　　　　　　　　　班级：

序号	举证内容	举证标准	评判结果	
			是	否
1	茶具的选择	①茶桌布置符合标准。		
		②茶具配套完整，清洁干净。		
2	水温	①使用温度计看水温。		
		②水温75～80摄氏度。		
3	投茶量	①使用电子秤称量茶量。		
		②茶叶重4～5克。		
4	醒茶	不需要醒茶。		
5	注水位置	①落点在8点钟方向。		
		②螺旋形注水。		
		③水柱粗细适当。		
6	出汤时间	第一泡10秒，以每次加10秒的时间进行冲泡。		
7	冲泡次数	冲泡3次以上。		
8	引导品饮	①引导客人欣赏冲泡后展开的茶叶形状。		
		②引导客人品饮黄茶的滋味。		

检查人：　　　　　　　　　　　　时间：

01 乌龙茶的品种与品质特征

【学习目标】

1. 能描述乌龙茶的品种。
2. 能为宾客介绍乌龙茶的品质特征。

【核心概念】

乌龙茶：属于半发酵茶，发酵度在30%~70%，其干茶的颜色从翠绿色到乌褐色都有，是中国几大茶类中，独具鲜明特色的茶叶品类。

【基础知识：认识乌龙茶】

乌龙茶是中国茶的代表，属于半发酵茶，发酵度在30%~70%，其干茶的颜色从翠绿色到乌褐色都有。乌龙茶由宋代贡茶龙团、凤饼演变而来，创制于1725年前后。

乌龙茶享有“绿叶红镶边”的美誉，其制作综合了绿茶和红茶的制法，其品质也介于二者之间，既有红茶的浓鲜滋味，又有绿茶的清芬香气，品尝后齿颊留香，回味甘鲜。乌龙茶的制作原料要求为两叶一芽的鲜叶。通常枝叶连理，大都是对口叶，芽叶已成熟。

乌龙茶属于温凉的茶品，其茶汤的香味一般是花香果味，从清新的花香、果香到熟果香都有，滋味醇厚回甘，略带微苦，是最能吸引品饮者的茶味。

按产地不同，乌龙茶可分为广东乌龙茶、台湾乌龙茶和福建乌龙茶。广东乌龙茶有凤凰单丛、凤凰水仙、岭头单丛。福建乌龙茶分为闽南的铁观音、黄金桂、本山、毛蟹、色种，闽北的大红袍、铁罗汉、白鸡冠、水金龟、肉桂、奇兰。台湾乌龙茶则包括冻顶乌龙茶、白毫乌龙、包种茶等。（见第VI页图）

凤凰单丛：为中国十大名茶之一，产自中国乌龙茶之乡——凤凰镇，其地处广东潮州潮安县北部山区，是广东省最古老的茶区。凤凰山脉由数量众多的大小山峰和丘陵簇拥而成，这里有“粤东第一高峰”——凤乌髻山和“南国第一天池”——乌岽山天池，海拔

320~1498米。由于地属亚热带季风气候区，这里气候温和，日照短，云雾雨量多，冬春来得早，春寒去得迟，非常有利于茶叶的生长。现在尚存的3000余株单丛大茶树，树龄均在百年以上，性状奇特，品质优良，单株高大如榕。由于凤凰单丛茶品质优异，过去曾为清廷贡品。

凤凰单丛是在潮安县凤凰山的自然条件下，从水仙品种中选育出来的优异单株所培育出来的品种，又采用独特的加工工艺制成，是独具类似多种天然花香和特殊韵味品质的乌龙茶。为提高品质档次，凤凰单丛采用单株采摘、单株制茶、单株销售法，成茶须达到条容、色泽、香气、滋味、汤色具佳的标准。根据不同的分类条件，凤凰单丛可以划分成不同的品种，详见下表。

目前，按成茶的香型分类是凤凰单丛最通行的分类方法。

划分的依据	品种
按叶片的大小分	大叶种、中叶种、小叶种
按叶色分	乌叶、赤叶和白叶
按采摘期分	特早芽种、早芽种、中芽种和迟芽种
按成茶的香型分	黄枝香、芝兰香、玉兰香、蜜兰香、杏仁香、姜花香、肉桂香、桂花香、夜来香、茉莉香

凤凰单丛的品质特征是：外形条索紧结，挺直肥硕，色泽乌褐明亮，香气幽雅持久，有细锐的芝兰花香，滋味醇厚鲜爽，回甘力强，汤色橙黄明亮，清澈似茶油之色泽，叶底青蒂、绿腹、红镶边，极耐冲泡，8泡后仍有余香，有明显的高山老枞“特韵”，称之为“山韵”。

铁观音：为乌龙茶中另一名品，产于福建省泉州市安溪县，发明于1725~1735年，是中国十大名茶之一。安溪铁观音是乌龙茶中的极品，其品质特征是：茶条卷曲，肥壮圆结，沉重匀整，色泽砂绿，整体形状似蜻蜓头、螺旋体、青蛙腿。冲泡后，其汤色金黄浓艳似琥珀，有天然馥郁的兰花香，滋味醇厚甘鲜，回甘悠久，“七泡有余香”。

大红袍：是产于福建武夷山的中国十大名茶之一，是武夷岩茶中的极品，其品质特征是：外形条索紧结，色泽绿褐鲜润，汤色橙黄明亮，叶片红绿相间。品质最突出之处是香气馥郁有兰花香，香高而持久，“岩韵”明显。

台湾冻顶乌龙：产自台湾海拔1000~1800米上的茶区，在台湾高山乌龙茶中最负盛名，被誉为“茶中圣品”。冻顶乌龙茶汤清爽怡人，汤色蜜绿带金黄，茶香清新典雅，且因此独特香气，还据传为帝王级泡澡茶浴的佳品。

【活动设计】

一、活动条件

茶艺馆实训室；冲泡所用的开水、茶具、茶叶及其他用具。

二、安全与注意事项

茶具无破损；茶叶新鲜。

三、活动实施（见表1：活动实施步骤说明）

四、活动反馈（见表2：辨识乌龙茶品种检测表）

【知识链接】

铁观音的摇青技术

摇青是制好铁观音的关键，而“走水”又是摇青的主要目的。所谓“走水”，即通过摇青，使嫩梗中所含有的相当数量的芳香物质，以及含量比芽叶高出1~2倍的氨基酸和非酯型儿茶素随水分扩散到叶片，使之与叶子里面的有效物质结合，共同转化成更高更浓的香味物质——这是乌龙茶拥有高香的一个重要原因。而“走水”的进行，除了要求叶子要处于运动状态，还要求梗叶有一定的水分含量和保持叶肉细胞的生理机能（亲水能力），也就是茶农所说的“保青”。若过早丧失叶肉细胞的生理活性，就叫“死青”。一旦“死青”，“走水”无法进行，叶子在摇青过程中就得不到水分的补充，而失水过多，最终制成的茶就会外形干枯、内质香味较低淡。

在铁观音的摇青操作上，素有“三守一攻一补充”的说法，即第一、二次摇青宜轻，转数不宜过多，停青的间隔时间宜短，一般第一次摇3分钟，第二次摇青5分钟，以保持青叶的生理活性，免使其水分散失过多，使萎凋后的叶子能慢慢“复活”过来。第三、四次摇青则要摇得重，摇得足够，使叶缘有一定的损伤，有青臭气散发上来。一般第三次摇青10分钟，第四次摇青30分钟。“一补充”则是在第四次摇青摇得不足，叶子“红变”不够时，再补摇一次。每次摇的转数应由少到多，停青时间也是由短到长。第一、二、三次停青停到青气消失，表面叶子萎软下来之后，就要及时摇“活”，以免叶子因水分散失过多而“死青”。

摇青中要注意掌握“消水”的程度。这是摇青的技术所在。“消水”即茶青的水分丧失情况。在摇青摊凉过程中，若摊凉太久，不及时摇“活”，致使摇青叶失水过度，手握叶子有沙沙响声，并有枯燥感，就叫“尽水”。若摇青过程中停青不足，水分散发不够，摇青叶还有“假活”现象，芽仍挺立饱水，手握有梗断之感，就叫“大水”。“尽水”叶制出的成茶，外形松懈，色泽枯黄。“大水”叶制出的成茶，外形不够紧结，色泽青灰。二者的品质都较差。

铁观音摇青"消水"应掌握"春消、夏皱、秋水守牢"的原则。这是因为春季气温低、湿度大，茶青肥壮多水，做青过程中水分应蒸发多一些，即在摇青时可摇得重一些，停青时间长些，待到做青适度时，梗叶要"消"，即嫩梗外观干瘪柔韧，折而不断，这时才会有浓郁的香气。而秋茶因含水分少，只有保持鲜灵，才会形成高强香气，所以至做青适度时，梗叶仍略有光泽，才能体现秋茶的秋香特色。

在"发酵"程度的掌握上，根据老茶农的经验来看："发酵"程度的掌握应遵循"春秋等香，夏暑等红"的原则。这是因为春秋季节的气温比较低，叶子变红较慢，摇青可摇到梗叶"水消"，有较高的清香显露，再行杀青。夏茶因气温较高，叶子边摇边"发酵"，就不能等"梗叶消，有高香"了，而主要是看叶子红变适度时，就要立即杀青，否则就会"发酵"过度，降低品质。

通常来说，低温低湿的北风天是制高级茶的好天气。因为在这种天气下，叶子中的多酚类的酶促氧化进行得比较缓慢，叶子发酵比较慢，摇青可摇到"梗叶消"，使叶子里面的内含物能充分转化为成茶的香气和滋味物质，同时，低温低湿不但有利于使叶子内含物的化学变化进行缓慢，物质的积累大于消耗，且有利于摇青时的"保青"，使"走水"能顺利进行，梗中丰富的有效物质能得以充分的利用，所以说"北风天"是制作铁观音茶的好天气。

【课后作业】

分小组选用三款乌龙茶，收集乌龙茶的历史故事。

小组		组长	
工作任务			
具体分工			
模拟流程			
活动总结 （不少于200字）			
自评			
小组评			
教师评			

表 1：活动实施步骤说明

序号	步骤	操作及说明	标准
1	准备乌龙茶	①准备三款乌龙茶。	①准备凤凰单丛、铁观音、大红袍。
		②分别放在白色茶荷里。	②茶荷干净。
2	辨识乌龙茶	根据外形特征，说出乌龙茶的名称。	①说出乌龙茶名称。
			②根据乌龙茶品种，将三款乌龙茶进行分类。

表 2：辨识乌龙茶品种检测表

茶艺师：　　　　　　　　　　班级：

序号	举证内容	举证标准	评判结果	
			是	否
1	准备工作	①乌龙茶品种齐全。		
		②茶荷干净。		
2	辨识乌龙茶	①根据外形特征说出乌龙茶名称。		
		②正确归类乌龙茶品种。		
		③活动结束后能收拾好茶桌。		

检查人：　　　　　　　　　　时间：

02 乌龙茶的传说与功效

【学习目标】

1. 能描述乌龙茶的传说。
2. 能为宾客介绍乌龙茶的功效。

【核心概念】

乌龙茶的功效：乌龙茶除了与一般茶叶一样，具有提神益思、消除疲劳、生津利尿、解热防暑、杀菌消炎、祛寒解酒、解毒防病、消食去腻、减肥健美等保健功能外，还突出表现在具有防癌症、降血脂、抗衰老等特殊功效。

【基础知识：乌龙茶的传说与功效】

乌龙茶的形成与发展，是北宋时期自福建省建瓯市东峰镇凤凰山北苑的贡茶开始的。北苑贡茶是福建最早的，也是宋代最著名的茶叶。据《闽通志》记载，唐末张廷晖雇工在凤凰山开山种茶，一开始将茶叶制成研膏茶。到宋太宗太平兴国二年（977年），茶叶被制成龙凤茶，约998年以后改造为小团茶，成为名扬天下的龙团凤饼。蔡襄在《茶录》中谈到“茶味主于甘滑，惟北苑凤凰山连续诸焙所产者味佳”。制作北苑茶，首先要把采摘的鲜叶装在筐里放置一天，其间，制茶工还要经常摇动筐，让叶子摇荡积压，到晚上才能开始蒸制。这些积压的芽叶经酶促氧化变成了褐色，实质上已属于半发酵了，也就属于乌龙茶的范畴。

一、乌龙茶的传说之宋种

传说南宋末年宋帝赵昺南逃路经乌岽山，口渴难忍，侍从采新鲜茶叶以嚼食，嚼后

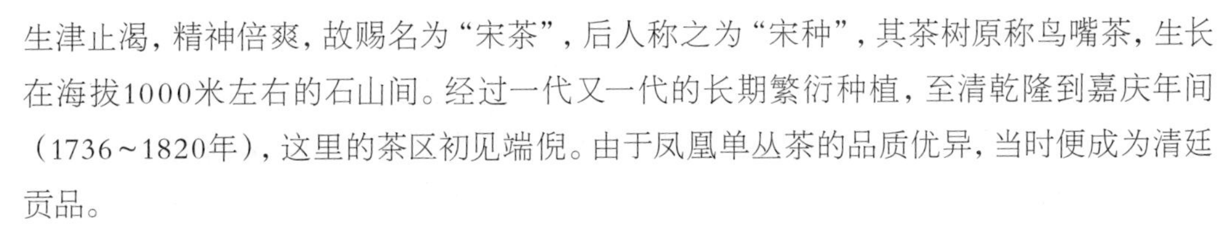

生津止渴，精神倍爽，故赐名为“宋茶”，后人称之为“宋种”，其茶树原称鸟嘴茶，生长在海拔1000米左右的石山间。经过一代又一代的长期繁衍种植，至清乾隆到嘉庆年间（1736~1820年），这里的茶区初见端倪。由于凤凰单丛茶的品质优异，当时便成为清廷贡品。

二、乌龙茶的传说之铁观音

关于铁观音的传说有两种说法。

一种是“魏说”，观音托梦。相传安溪尧阳松岩村（又名松林头村）有个老茶农魏荫（1703~1775），既勤于种茶，又笃信佛教，敬奉观音，每天早晚一定在观音像前敬奉一杯清茶。有一天晚上，魏荫梦见自己扛着锄头走出家门，来到一条溪涧边，在石缝中发现一株茶树，枝壮叶茂，芳香诱人。第二天早晨，他顺着梦中的道路寻找，果然在观音仑打石坑的石隙间，找到梦中的茶树：叶片椭圆，叶肉肥厚，嫩芽紫红，青翠欲滴。魏荫十分高兴，将这株茶树挖回种在家中，悉心培育。因这茶是观音托梦而得，就取名“铁观音”。

一种是“王说”，乾隆赐名。相传安溪西坪南岩仕人王士让（清雍正十年副贡、乾隆六年曾出任湖广黄州府蕲州通判）曾在南山之麓修筑书房，取名“南轩”。乾隆元年（1736年）的春天，王与诸友会文于南轩。有一天，他偶然发现层石荒园间有株茶树与众不同，就移植在南轩的茶圃，朝夕管理，悉心培育。茶树枝叶茂盛，圆叶红心，采制成品，乌润肥壮，泡饮之后，香馥味醇，沁人肺腑。乾隆六年，王士让奉召入京，把这种茶叶送给礼部侍郎方苞，方侍郎闻其味非凡，便转送内廷，皇上饮后大加赞誉，因此茶乌润结实，沉重似铁，味香形美，犹如“观音”，故赐名“铁观音”。

三、乌龙茶的传说之大红袍

相传明洪武十八年（1385年），丁显去京城赴试，途经武夷山时突然得病，腹痛难忍，便留在天心永乐禅寺休息。和尚取当地茶叶冲泡，丁显饮后病痛有所缓解，连续喝了几天后，病就完全好了。离开前，丁显用锡罐装取了剩余的茶叶以备用。考中状元后，恰遇皇后得病，百医无效，丁显了解到皇后的症状与他的一模一样，便取出那罐茶叶献上。皇后饮后身体逐渐康复，皇上大喜，赐红袍一件，命丁显亲自前往九龙窠把红袍披在茶树上以示龙恩，同时派人看管，采制茶叶悉数进贡，不得私匿。从此，武夷岩茶大红袍就成为专供皇家享受的贡茶，大红袍的盛名也被世人传开。

四、乌龙茶的功效

乌龙茶的功效首先体现在其营养价值上。乌龙茶中含有机化学成分达450多种，无机矿物元素达40多种，均含有许多营养成分和药效成分。

此外，经现代国内外科学研究证实，乌龙茶除了与一般茶叶一样，具有提神益思、消除疲劳、生津利尿、解热防暑、杀菌消炎、解毒防病、消食去腻、减肥健美等保健功能外，其保健功效还突出表现在防癌症、降血脂、抗衰老等方面。(1)防癌症：乌龙茶内含角香醇、揽香醇、亚麻酸甲脂、亚油酸甲脂等有机化学物质，能提高人体的免疫力，具有抗癌作用和对冠心病的治疗作用。(2)降血脂：乌龙茶中的有机化学成分茶多酚对降血脂有明显功效。科学家曾经观察了一组血液中胆固醇含量较高的病人：在停用各种降脂药物的情况下，每日上、下午两次饮用乌龙茶，连续24周后，病人血液中胆固醇含量有不同程度的下降。此外，饮用乌龙茶还可以降低血液粘稠度，防止红细胞集聚，改善血液高凝状态，增加血液流动性，改善微循环。可见乌龙茶对于防止血管病变、血管内血栓形成，均有积极意义。(3)抗衰老：乌龙茶中的抗氧化剂抗衰老效果显著。医学证明，人每天都要喝八杯水，乌龙茶口感甘甜，回甘力强，既耐泡(几克茶叶可以泡一整天)，又冲泡方便(用普通的保温杯或茶杯即可进行)。

【活动设计】

一、活动条件

茶艺馆实训室；冲泡所用的开水、茶具、茶叶及其他用具。

二、安全与注意事项

茶具无破损；茶叶新鲜。

三、活动实施(见表1：活动实施步骤说明)

四、活动反馈(见表2：介绍乌龙茶功效检测表)

【知识链接】

铁观音的储存方法

铁观音的保存一般都要求低温和密封真空，以便在短时间内保证铁观音的色、香、味。不过，很多铁观音的爱好者会发现，即使保存时间不长，但有些铁观音冲泡后，其色、香、味还是不及保存之初。这是为什么呢？其症结主要在于茶叶发酵后的烘干程度。目前铁观音的制作技术朝着轻发酵的方向转变，在轻发酵中，茶叶容易体现出高昂的兰花香，茶汤也比较漂亮。但是，要让干茶叶体现出上述香气，一般情况下，茶叶在制作时就不会烘得太干，而是含有一定的水分。这样的茶叶在后期保存时，必须特别注意低温和密封，以减少水分在茶叶中的作用，影响冲泡后的口感。当然，如果茶叶烘得比较干，入手感觉很脆很干爽，这样的茶叶对低温的要求也就比较低。

【课后作业】

以小组为单位，请区分铁观音与黄金桂、本山、毛蟹的特点，完成以下表格。

茶品	外形	色泽	滋味	汤色
铁观音				
黄金桂				
本山				
毛蟹				

实验茶艺师： 时间： 评定等级： 评分者：

表 1：活动实施步骤说明

序号	步骤	操作及说明	标准
1	准备茶样	选择一款乌龙茶。	①一款乌龙茶。
			②茶样新鲜。
2	根据茶样介绍功效	①介绍茶样的特点。	①语言表达精确。
			②茶样的特点表述正确。
		②根据茶样的工艺特点介绍功效。	③茶样的特色工艺介绍到位。
			④茶样的功效特点介绍较突出。

表 2：介绍乌龙茶功效检测表

茶艺师： 班级：

序号	举证内容	举证标准	评判结果	
			是	否
1	选择一款乌龙茶	①一款乌龙茶。		
		②茶样新鲜。		
2	介绍茶样特点	①语言表达精确。		
		②茶样的特点表述正确。		
3	介绍茶样功效	①茶样的特色工艺介绍到位。		
		②茶样的功效特点介绍较突出。		

检查人： 时间：

03 乌龙茶的冲泡器皿

【学习目标】

1. 能描述所选茶器的特点。
2. 能根据乌龙茶的品质特征，选择适合冲泡乌龙茶的器皿。

【核心概念】

潮汕四宝：红泥火炉、玉书碨、孟臣罐、若琛瓯。红泥火炉又称为潮汕炉；玉书碨即煮水壶；孟臣罐，又称冲罐，用潮州本地出产的手拉壶；若琛瓯，即白色小瓷杯，一套4～6只。

【基础知识：冲泡乌龙茶的器具】

冲泡乌龙茶的器具比较讲究。古代诗人常用诗词来赞誉那些能烘托佳茗之优美的珍奇茶具，如范仲淹的“黄金碾畔绿尘飞，碧玉瓯中翠涛起”，梅尧臣的“小石冷泉留翠味，紫泥新品泛春华”，等等，足可见历史上品饮乌龙茶的茶具是十分考究的。

现代生活中，人们冲泡凤凰单丛、铁观音、大红袍的器具大致有以下三种。

- 潮汕四宝：红泥火炉、玉书碨、孟臣罐、若琛瓯。红泥火炉又称为潮汕炉，一般为汕头出产的陶磁风炉或白铁皮风炉；玉书碨是煮水壶，容水量约250毫升；孟臣罐，又称冲罐，即产自江苏宜兴的用紫砂制成的小茶壶，容水量约50毫升，也可以用潮州本地出产的手拉壶；若琛瓯，即潮州本地出产的白色小瓷杯，一套4～6只，每只容水量约5毫升。

一套完整的潮州工夫茶茶具包括了潮汕四宝、壶垫、紫砂茶船、铫垫、茶洗、锡罐、纳茶纸、茶通、茶巾、水缸、水勺。

- 白瓷盖碗：这种钟形盖碗放茶叶、嗅香气、冲开水、倒茶渣都方便，适合冲泡各种茶。

● 紫砂壶：是用紫砂经高温烧制的陶器，其烧制温度比用陶土制作的陶器高，且多微小的气孔，和瓷器一样不会因温度急剧变化而碎裂。这种壶适合用来冲泡各类发酵茶，但因紫砂壶气孔多，吸味性强，为免茶汤的香味混淆，一把紫砂壶最好只用来冲泡一种茶。

【活动设计】

一、活动条件

茶艺馆实训室；冲泡所用的开水、茶具、茶叶及其他用具。

二、安全与注意事项

茶具无破损；茶叶新鲜；随手泡摆放在不易碰撞之处，电源线板通电安全；斟茶时，避免茶水溅落到客人身上。

三、活动实施（见表1：活动实施步骤说明）

四、活动反馈（见表2：三种器具对比冲泡检测表）

【知识链接】

潮汕工夫茶中的“四宝”

工夫茶茶具虽多，但茶人们所公认的必具“四宝”则为：孟臣冲罐（小紫砂陶壶）、若琛瓯（小薄瓷杯）、玉书碨（烧水陶壶）、潮汕烘炉。

先说说孟臣冲罐。对这个问题，闽、粤、台茶人有句茶谚：“一无名、二仕亭、三萼圃、四孟臣、五逸公。”但不知为何，排名第四的“孟臣”却一直备受茶人宠爱。史传，“孟臣”指的是明天启年间的制壶名匠惠孟臣，他所制的壶，壶底多刻有“大明天启丁卯荆溪惠孟臣制”的字样。《桃溪客语》曾载：“孟臣笔法绝类褚遂良。”孟臣罐具有泡茶不走味、贮茶不变色、暑夏不变馊的优点。茶人选购它的标准是“三山齐”，即把壶去盖后覆置平桌，滴嘴、壶口、把柄三点若平成一线，即为真品。泡茶越频越久，壶壁的茶锈越厚，可节省茶叶，且即使空壶注入沸水也有茶香茶色，故茶锈厚的孟臣壶常是茶人炫耀茶龄的物证。

若琛瓯则为清代江西景德镇名匠若琛的佳作，杯底通常书有“若琛珍藏”字样，今已罕见。

工夫茶另外“两宝”之一的玉书碨以潮州百年老号陶圣居所出品的为佳，有极好的耐冷热骤变性能，隆冬拿出炉外许久仍可保温。冲泡功夫茶讲究水不能过热，玉书碨便于观察火候且不易生水垢，方便适用。潮汕烘炉则是精工烧制而成的红泥小火炉，早在唐宋年间即已出名，高约六七寸，点火后，炉心深且小，能使火势均匀。炉有盖有门，通风性能好，且即使水溢炉中，“火犹燃，炉不裂”，有的艺匠还喜欢在炉门两侧配一对茶联，雅观别致。

【课后作业】

单丛作为广东特有的茶叶品种，香型繁多。请区分杏仁香、黄枝香、芝兰香、杏花香、桂花香等单丛品种，深入了解各类代表性香型单丛的特点。

茶品	外形	色泽	滋味	汤色
杏仁香				
黄枝香				
芝兰香				
杏花香				
桂花香				

实验茶艺师：　　　　时间：　　　　评定等级：　　　　评分者：

表1：活动实施步骤说明

序号	步骤	操作及说明	标准
1	选择茶具	准备白瓷盖碗、潮州手拉壶、紫砂壶。	①容量一致：150毫升。
			②茶具干净。
2	准备茶叶	准备8克凤凰单丛。	①凤凰单丛新鲜。
			②重量8克。
3	冲泡	①水温100摄氏度。	①水温100摄氏度。
		②水柱落点位统一在4点钟方向。	②水柱落点位统一在4点钟方向。
		③出汤时间是3秒。	③出汤时间是3秒。
		④对比第二泡茶汤。	④对比第二泡茶汤。
4	对比结论	①对比汤色。	①结论描述清楚。
		②对比香味。	
		③对比滋味。	②语言简练。

表2：三种器具对比冲泡检测表

茶艺师：　　　　　　　　　　　　　　　　　　　　班级：

序号	举证内容	举证标准	评判结果	
			是	否
1	准备茶具	①三者容量一致：150毫升。		
		②茶具干净。		
2	准备茶叶	①乌龙茶新鲜。		
		②重量8克。		
3	冲泡	①水温100摄氏度。		
		②水柱落点位统一在4点钟方向。		
		③出汤时间是3秒。		
		④对比第二泡茶汤。		
4	对比结论	①结论描述清楚。		
		②语言简练。		

检查人：　　　　　　　　　　　　　　　　　　　　时间：

04 冲泡乌龙茶

【学习目标】

1. 能描述冲泡乌龙茶的流程。
2. 运用茶叶冲泡的五要素知识，为宾客冲泡一壶乌龙茶。

【核心概念】

潮汕工夫茶：广东潮汕地区的汉族特有的饮茶习俗，是融精神、礼仪、沏泡技艺、评品质量为一体的完整的茶道形式，既是一种茶艺，也是一种民俗，是“潮人习尚风雅，举措高超”的写照。

【基础知识：乌龙茶冲泡流程】

由于盖碗适合冲泡各种茶，故本处选用盖碗来阐明冲泡乌龙茶的一般流程。

● 水温：乌龙茶属于半发酵茶，品饮者特别注重香气的品饮，故宜用100摄氏度开水冲泡，但却不可“过老”。唐代茶圣陆羽水曾把开水分为三沸：“其沸如鱼目，微有声，为一沸；缘边如涌泉连珠，为二沸；腾波鼓浪，为三沸。”通常认为，一沸之水太嫩，用于冲泡乌龙茶劲力不足，泡出的茶香味不全；三沸的水已太老，水中溶解的氧气、二氧化碳气体已挥发殆尽，泡出的茶汤不够鲜爽，故宜用二沸的水才能使茶的内质之美发挥到极致。

● 投茶量：乌龙茶的投茶量是根据盖碗的大小而定的，一般以盖碗的三分之二左右为宜。一个150毫升的盖碗，其投茶量一般为8~10克。

● 醒茶：乌龙茶外形紧结，醒茶可助茶叶尽快发挥出其个性，让品饮者快速品香、品味。

● 注水位置：冲泡乌龙茶需要将其香气与茶味尽快展现出来，因此一般采用环形

注水的方式进行冲泡：即旋满一周，收水时正好回归出水点。茶艺师控制注水速度可通过调整旋转速度来实现。水柱细，就慢旋，水柱粗，就快旋。如果茶叶与水在注水第一时间内的溶合度稍欠，茶艺师可通过控制水流速度令茶叶旋动，且这样可和空气摩擦程度增加，令香气高扬。如果茶汤的厚度和软度达不到要求，茶艺师可以在回旋后让水流在定点位置上稳定而缓慢地注入盖碗。茶艺师冲泡乌龙茶，落点的位置在4点钟方向，逆时针方向回旋至落点的位置收水即可。冲泡前六泡时，茶艺师可以采用高冲快旋快收的方式，从第七泡开始逐渐改为高冲慢旋——高冲高吊（水线长而细）——低冲慢旋（水线短而粗）的方式冲泡。乌龙茶的滋味与香气，在茶艺师的冲泡中逐渐发生变化，品质凸显。

- 出汤时间：乌龙茶的冲泡讲究快冲快出，故茶艺师出汤时间一般为第一泡3秒，第二泡5秒，以此类推，并根据注水位置的选定，逐渐延长出汤时间。当然，在这过程中，也可以根据品饮者的口感需求而有所变化。
- 冲泡次数：乌龙茶的冲泡次数一般控制在7～10次，10次后，其营养成分已经完全溶解出来，滋味也随之变淡。
- 引导品饮：茶艺师奉茶。乌龙茶的品饮重在欣赏茶叶的外形、色泽，感受茶汤的香味，品饮茶汤的回甘度与茶味。

以下为凤凰单丛茶艺表演程式。（见第X—XI页图）

茶具：紫砂壶（冲罐）、壶垫、紫砂茶船、内白瓷外朱泥的若琛杯（6个）、砂铫、铫垫、茶洗、锡罐、纳茶纸、茶通、红泥火炉、茶巾、水缸、水勺

茶叶：凤凰单丛

具体表演程式如下：

步骤1：迎宾入座示茶具

①布置好茶桌，将茶具摆放好。

②行走进入表演场，两足间距约20厘米。

③以并脚的姿势站定，向宾客行45度鞠躬礼。

④神情自然，微笑甜美。

⑤茶艺师依次介绍冲泡凤凰单丛需用到的“四宝”：玉书碨，俗名“茶锅仔”，又称砂铫；潮州炉，俗名红泥火炉；孟臣罐，俗称“冲罐”；若琛杯。

服务标准：

①茶具齐全，摆放合理。

②走姿端庄，步伐轻盈，挺胸收腹。

③站姿时，头要正，下颚微收，挺胸收腹，双脚跟合并。

④微笑甜美。

⑤能介绍“四宝”，且无遗漏。

步骤2：净手茶礼表敬意

①茶艺师助手用茶盘端出已装水七分满的青花瓷器皿，茶巾置于器皿旁。

②茶艺师转身，双手轻放入水中，左右两手上下贴着转一圈后，轻轻抖动一下。

③茶艺师双手拿起茶巾，右手正反轻擦拭，左手同样，再将茶巾放入茶盘中。

服务标准：洗手时，动作轻柔，不能击发出水声。

步骤3：砂铫掏水置炉上

茶艺师用竹筒舀出水，倾入砂铫，放在红泥火炉上。

服务标准：火炉置于茶桌七步远处。

步骤4：静候三沸涛声隆

茶艺师手拿羽扇煽火烹水。

服务标准：水开至二沸的状态就可以准备冲泡。

步骤5：提铫冲水先热罐

茶艺师手提砂铫，内外淋罐。

服务标准：手提砂铫时高度适中。

步骤6：遍洒甘露再热盅

茶艺师持罐淋盅。

服务标准：淋盅的顺序是顺时针方向。

步骤7：锡罐佳茗倾素纸

茶艺师双手拿起锡制储茶器，将茶叶倾在纳茶纸上。

服务标准：

①纳茶纸长10厘米，宽8厘米。

②倒茶时茶叶不能溢出纳茶纸。

步骤8：观赏干茶评等级

茶艺师双手托起纳茶纸，从左往右让宾客观赏凤凰单丛。

服务标准：茶艺师要托起纳茶纸的对角位。

步骤9：壶中天地纳单丛

茶艺师右手拿茶通，左手持纳茶纸，将茶叶慢慢置于罐中。

服务标准：最粗的茶叶置于最前，其次为细末，最后为较粗的茶叶。

步骤10：甘泉洗茶香味飘

茶艺师提起砂铫，揭开壶盖，将沸水冲入紫砂壶。

服务标准：冲水时应环壶口，缘壶边。

步骤11：环壶缘边需高冲

洗茶之后，再提铫高冲。

服务标准：

①水柱高冲时，茶叶充分舒展。

②水要注满，但不能让茶汤溢出。

步骤12：刮沫淋盖显真味

茶艺师用壶盖刮沫，再淋盖去沫。

服务标准：茶沫与白泡被冲干净。

步骤13：烫杯三指飞轮转

将一杯侧置于另一杯上，中指肚勾住杯脚，拇指抵住杯口并不断向上推拨。

服务标准：使杯上之杯作环状滚动并发出铿锵声响。

步骤14：低洒茶汤时机到

茶艺师右手执紫砂壶，按顺时针方向倒茶。

服务标准：倒茶要注意低洒。

步骤15：巡城往返骋关公

茶艺师手持紫砂壶，按照逆时针方向，快速将茶汤倒入品茗杯中。

服务标准：倒茶的速度均匀。

步骤16：喜得韩信点兵将

茶艺师手提茶壶，壶口向下，对准茶杯，回环往复，务必点滴入杯。

服务标准：茶汤沥尽，并保持各杯茶汤均匀。

步骤17：莫嫌工夫茶杯小

茶艺师用“三龙护鼎”的手势拿起品茗杯，分三小口将茶汤喝尽。

服务标准：手势正确。

步骤18：茶韵香浓情更浓

茶艺师分三次嗅杯底，鉴别茶质之优劣。

服务标准：分三次完成。

步骤19：收具谢礼表情意

茶艺师将茶具收拾好，向宾客表示感谢。

服务标准：

①客人离座后，茶艺师收拾茶台。

②茶具清洗干净，并归位。

以下为台式乌龙茶行茶法。（见第XII页图）

茶具：盖碗、茶船、品茗杯、闻香杯、杯垫、公道杯、茶滤、储茶器、废水皿、茶具组、茶荷、茶巾、随手泡

茶叶：乌龙茶

具体行茶法如下：

步骤1：丝竹和鸣迎嘉宾

①布置好茶桌，将茶具摆放好。

②行走进入表演场，两足间距约20厘米。

③以并脚的姿势站定，向宾客行45度鞠躬礼。

④神情自然，微笑甜美。

⑤茶艺师随着音乐声，用右手揭开闻香杯、品茗杯。

服务标准：

①茶具齐全，摆放合理。

②走姿端庄，步伐轻盈，挺胸收腹。

③站姿时，头要正，下颚微收，挺胸收腹，双脚跟合并。

④微笑甜美。

⑤闻香杯置于茶盘中间，两杯之间相距1.5厘米。

⑥品茗杯置于闻香杯后方，距离1厘米，品茗杯之间相距1.5厘米。

步骤2："三才"温暖暖龙宫

①茶艺师右手拿起随手泡，往盖碗轻倒入开水。

②右手的拇指和中指拿起盖碗的碗沿，食指抵住碗盖，将开水倒入公道杯中，放回原处。

③右手拿起公道杯，将水倒入废水皿。

服务标准：温茶具的水量为盖碗的三分之一。

步骤3：精品鉴赏评干茶

①茶艺师从储茶罐中取出茶叶置于茶荷中。

②双手捧起茶荷，从左往右向宾客展示茶叶。

服务标准：

①取茶时，茶叶不可洒落茶桌。

②茶荷从左往右展示时，处于同一水平，高度一致。

步骤4：观音入室渡众生

①右手以兰花指的手势拿起茶匙。

②左手拿起茶荷，用茶匙将茶叶轻拨入盖碗中。

服务标准：投茶时，茶叶不可洒落茶桌。

步骤5：高山流水显音韵

冲水时，右手拿起随手泡，左手轻搭在盖顶，缓缓以顺时针的方向画圆圈，可使茶叶和茶水上下翻动，充分舒展。

服务标准：

①提壶的高度不可过高。

②水不可溅出盖碗。

步骤6：春风拂面刮茶沫

用碗盖轻轻将漂浮的白泡沫从右推向左。

服务标准：茶汤表面清新洁净。

步骤7：荷塘飘香破烦恼

右手拿起盖碗，将茶汤倒入公道杯中。

服务标准：碗中的茶汤必须沥尽。

步骤8：凤凰点头表敬意

提起随手泡，利用手腕的力量，上下提拉注水，反复三次。

服务标准：

①茶叶在水中翻动。

②水不可溢出盖碗。

③每次提起的高度一致。

步骤9：沐淋瓯杯温茗杯

①右手拿起公道杯，将茶汤平均倒入闻香杯。如有剩水，倒入废水皿中。

②再用右手将闻香杯中的茶汤倒入品茗杯中。

服务标准：

①杯的温度和茶汤的温度不会悬殊太多。

②倒入闻香杯的茶汤为杯的七分满。

步骤10：茶熟香温暖心意

将浓淡适度的茶汤倒入公道杯中，暖暖的茶香散发。

服务标准：沥尽茶汤。

步骤11：公道正气满人间

右手拿公道杯将茶汤逐一斟入闻香杯中。

服务标准：每一杯闻香杯中的茶汤量相同。

步骤12：倒转乾坤溢四方

右手反手拿起品茗杯倒扣在闻香杯上，用食指和中指将闻香杯夹紧，拇指按紧品茗杯，以最快的速度将其反转，并置于杯托上。

服务标准：

①反转时，茶汤不可外溢。

②反转的高度适当。

步骤13：一闻二品三回味

①将满溢香气的对杯送给客人品尝。

②茶艺师用拇指、食指夹住闻香杯两侧，稍屈两指旋转闻香杯向上提，使茶汤都流入品茗杯中，双手合掌捧住闻香杯搓动数下。

③闻香之后，用中指和拇指端起品茗杯，用无名指托于杯底，食指和小指自由伸展（女性左手指托住杯底），观汤色。

④以持杯手的虎口对住嘴部，这样啜饮时嘴不外露，以示文雅。

服务标准：

①提起闻香杯时，茶汤不外溢。

②品茗时，小手指不指向宾客。

③分三口喝完茶汤。

步骤14：收具谢礼静回味

①茶艺师将分散在茶桌面的茶具，按从左往右的顺序收于茶桌中间。

②向宾客表示感谢。

服务标准：

①等客人离座后，茶艺师收拾茶台。

②茶具清洗干净，归位。

【活动设计】

一、活动条件

茶艺馆实训室；冲泡所用的开水、茶具、茶叶及其他用具。

二、安全与注意事项

茶具无破损；茶叶新鲜；随手泡摆放在不易碰撞之处，电源线板通电安全；斟茶时，避免茶水溅落到客人身上。

三、活动实施（见表1：活动实施步骤说明）

四、活动反馈（见表2：乌龙茶冲泡评分表）

【知识链接】

乌龙茶的其他冲泡方式

一、宜兴泡茶法

宜兴泡茶法是融合各地的方法研究出的一套合乎逻辑的流畅泡法，讲究水的温度。其冲泡步骤如下：

赏茶：将茶罐内的茶叶倒入茶荷，由专人奉至品饮者面前，以供其观茶形，闻茶香。

温壶：将热水冲入壶中至半满即可，再将壶内的水倒出到茶池中。

置茶：将茶荷的茶叶拨入壶中。

温润泡：注水入壶，盖上壶盖后立即将水倒入公道杯，以便茶叶吸收水分，同时洗茶。

温杯烫盏：将公道杯中的水再倒入茶盅，以提高杯的温度，有利于更好的泡制茶叶。

第一泡：将适温的热水冲入壶中，注意时间以所泡茶叶的品质而定。

干壶：执起茶壶，壶底部在茶巾上轻沾，拭去壶底的水滴。

倒茶：将茶汤倒入公道杯中。

分茶：将公道杯的茶汤分别倒入茶杯中，以七分满为宜。

洗壶、去渣：先将壶中的残茶取出，再冲入水将剩余茶渣清出，倒入池中。

倒水：将茶池中的水倒掉。清洗一切用具，以备再用。

二、诏安泡茶法

诏安泡茶法较适用于冲泡陈茶，其特点在于以纸巾分茶形，洗杯尤其讲究。其冲泡步骤如下：

备具：首先将布巾折叠整齐，放在主泡者习惯的位置，茶盘放在壶的正前方。

整茶形：因泡茶所用的都是陈年茶，碎渣较多，所以要整形，即将茶叶置于纸方巾上，折合轻抖，粗细自然分开。整理完茶形，将茶叶置放桌上，请客人鉴赏。

烫壶：烫壶时，壶盖斜置壶口，连壶盖一起烫。

置茶：烫壶用的水倒掉后，盖放在杯上，等到壶身水汽一干即可置茶，将细末倒在低处，粗形则置近流口位置，避免阻塞。

冲水：注水至泡沫满溢壶口为止。

洗杯：诏安泡茶法所用茶杯为蛋壳杯，极薄极轻，洗杯时将杯排放小盘中央，每杯注水约三分之一，双手迅速将前面两杯水倒入后两杯，中指托杯底，拇指拨动，食指控制平衡，在杯上洗杯，动作必须利落灵巧、运用自如——泡茶的功夫高低从洗杯动作就可断定。

诏安泡茶法以洗杯来计量茶汤浓度，第一泡以双手洗一遍，第二泡以双手洗一来回，第三泡则以单手洗一循环，主人喝的留在最后，水溢杯后，用中指擦掉一小部分水，食指、拇指捏拿倒掉。

倒茶：特别注意要轻斟慢倒，以巡戈式倒法，不缓不急，茶流成滴即应停止。第一杯通常主泡者自留，因为含渣机会可能比较大。以三巡为止。这是因为焙火较重的茶，三巡后，香味尽去，故皆不取。

清洁茶具：以备后用。

【课后作业】

武夷岩茶有特殊的“岩韵”，外形多数肥壮匀整，紧结卷曲，色泽光润，颜色或青翠，或砂绿，或蜜黄。请对比冲泡四种岩茶：大红袍、水金龟、白鸡冠、铁罗汉。

茶叶	外形	色泽	滋味	汤色
	冲泡要素	第一次	第二次	第三次
	投茶量			
	水温			
	注水位置			
	出汤时间			
	冲泡次数			
小结（200字以上）	（结合茶汤的滋味、汤色、香味进行总结）			

实验茶艺师：　　　　时间：　　　　评定等级：　　　　评分者：

表 1：活动实施步骤说明

序号	步骤	操作及说明	标准
1	选择茶具	①布置茶桌。	①茶桌布置符合标准。
		②选用盖碗及配套茶具。	②茶具配套完整，清洁干净。
2	确定投茶量	根据盖碗的大小确定茶叶的重量。	①使用电子秤称量茶量。
			②茶叶重8克。
3	确定水温	根据乌龙茶的品质，确定冲泡的水温。	①使用温度计看水温。
			②水温100摄氏度。
4	选择注水位置	①提起随手泡。	①落点在4点钟方向。
		②环形定点冲泡。	②螺旋形注水。
			③水柱粗细适当。
5	出汤时间	①注水至盖碗的8分满。	①第一泡3秒。
		②盖好碗盖。	②第二泡5秒。
		③心中默数，约1秒一下。	③第三泡10秒。
6	冲泡次数	冲泡3次。	冲泡3次。
7	引导品饮	①向宾客介绍茶汤。	①引导客人欣赏冲泡后展开的茶叶形状。
		②微笑示范饮茶方式。	②引导客人品饮乌龙茶的滋味。

表2：乌龙茶冲泡评分表

茶艺师：　　　　茶叶：　　　　班级：

序号	举证内容	举证标准	评判结果	
			是	否
1	茶具选择	①茶桌布置符合标准。		
		②茶具配套完整，清洁干净。		
2	水温	①使用温度计看水温。		
		②水温100摄氏度。		
3	投茶量	①使用电子秤称量茶量。		
		②茶叶重8克。		
4	醒茶	需醒茶。		
5	注水位置	①落点在4点钟方向。		
		②环形注水。		
		③水柱粗细渐变。		
6	出汤时间	第一泡3秒，以每次加3～5秒的时间进行冲泡。		
7	冲泡次数	冲泡3次以上。		
8	引导品饮	①冲泡3次以上。		
		②引导客人品滋味。		

检查人：　　　　时间：

01 红茶的品种与品质特征

【学习目标】

1. 能专业地描述红茶的品种与品质特征。
2. 能为宾客介绍红茶的品质特征。

【核心概念】

红茶：属全发酵茶，是以适宜的茶树新芽叶为原料，经萎凋、揉捻（切）、发酵、干燥等一系列工艺过程精制而成的茶。

【基础知识：认识红茶】

红茶属全发酵茶，是以适宜的茶树新芽叶为原料，经萎凋、揉捻（切）、发酵、干燥等一系列工艺过程精制而成的茶。萎凋是红茶初制的重要工艺，在这个过程中常常也被称为“乌茶”。红茶之名，则是由于其干茶冲泡后的茶汤和叶底通常呈红色。

红茶具有红汤红叶、香高甜、味鲜浓的品质特征，性温和，富含儿茶素、茶红素等多酚类化合物，并具有多种保健功效。因工艺不同，不同的红茶品种在色泽、香味上均有所差别。

红茶是目前世界上消费量最大的茶类，最初起源于福建武夷山一带的小种红茶，后根据其制作工艺，演变产生了工夫红茶和红碎茶——这是目前红茶的三个主要种类，其产区主要集中在福建、安徽、云南、四川、湖北、湖南、江西等省，河南、浙江、广东、广西、贵州等省也有生产。小种红茶和工夫红茶在制作工艺上的区别是，前者除了包括工夫红茶的全部工序外，还在发酵后多了一道杀青的特殊处理，从而保持了香气的纯甜。

工夫红茶：是中国红茶的代表。这种红茶在初制时并不切碎，且非常重视茶叶的紧实细致、完整一致，因而整体品质风味秀丽高雅。工夫红茶又可分为大叶工夫和小叶工夫两种，前者以高大的大叶乔木品种茶叶制成，以滇红工夫、政和工夫为代表；后者以灌木型小叶种茶树的鲜叶为原料制成，以祁红工夫、宜红工夫为代表。

小种红茶：为福建省的特产，按照产地不同分为正山小种和外山小种。前者之所以称为“正山”，表明其为真正的“高山地区所产”，是武夷山中所产之茶，而其余哪怕用同样方法制成的茶则统称为外山，以示区别。

碎红茶：指南亚各国以机器制成的红茶，后中国也开始发展此方面的技术，产地遍布中国各红茶产区，主要供出口之用。

目前，中国十大名茶中，属于红茶类的有祁门红茶。此外，红茶中的名优茶还有英红、正山小种、金骏眉、滇红等。（见第VI页图）

祁门红茶：属于小叶工夫红茶，主产于安徽省祁门县，与其毗邻的石台、东至、黟县、贵池、至德及江西浮梁等地也有少量生产。祁门红茶创制于清代，有着百余年的生产历史。作为传统工夫红茶中的极品，祁门红茶以“香高、味醇、形美、色艳”四大特点傲视群芳，与印度大吉岭茶、斯里兰卡乌伐茶，并列为世界公认的三大高香茶，有“茶中英豪”“群芳最”“王子茶”等美誉。茶叶外形条索紧细，苗秀显毫，色泽乌润（即俗称的“宝光”）；茶叶香气清香持久，似果香又似兰香；汤色红艳透明，叶底鲜红明亮；滋味醇厚，回味隽永。

英德红茶：属大叶工夫红茶，产于广东省英德市。英德红茶外形颗粒紧结重实，色泽油润，细嫩匀整，金毫显露，香气鲜醇浓郁，花香明显，滋味浓厚甜润，汤色红艳明亮，金圈明显，叶底柔软红亮，特别是加奶后茶汤棕红瑰丽，味浓厚清爽，色香味俱佳，较之滇红、祁红别具风格。

正山小种：产地以福建省桐木关为中心，崇安、建阳、光泽三县交界处的高地茶园也均有生产。正山小种属于小种红茶，又可细分为传统烟熏小种和无烟小种，前者是用松树的枯枝熏制而成的，带有独特的松香味，陈放多年后，会有独特桂圆味。后者则是没有经过烟熏后的小种茶，带有清幽的花香。正山小种迄今已有400多年历史，被尊为世界红茶的鼻祖，其条索肥壮，紧结圆直，色泽乌润，冲水后汤色艳红，经久耐泡，叶底肥厚红亮。其滋味醇厚、芬芳浓烈，以醇馥的烟香和桂圆汤、蜜枣味为主要品质特色。如加入牛奶，茶香不减，形成糖浆状奶茶，甘甜爽口，别具风味。

金骏眉：属小种红茶，产于福建省武夷山桐木关。金骏眉汤色金黄，具淡而甜的花香、蜜香，喝完之后甘甜润滑，外形细小而紧秀。其原料只选用产自崇山峻岭中的小种茶

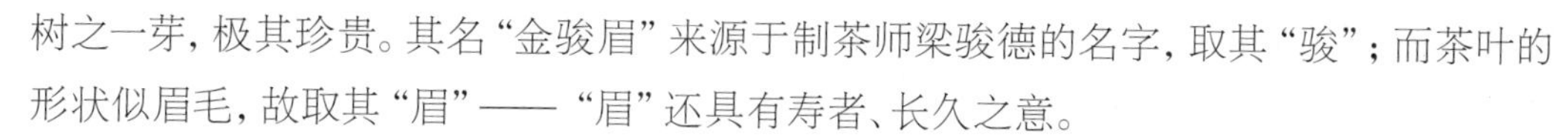

树之一芽，极其珍贵。其名“金骏眉”来源于制茶师梁骏德的名字，取其“骏”；而茶叶的形状似眉毛，故取其“眉”——“眉”还具有寿者、长久之意。

滇红：属大叶工夫红茶，产于云南临沧、保山、凤庆、西双版纳、德宏等地。其芽叶肥壮，金毫显露，色泽乌润，汤色红艳，香气馥郁，滋味醇浓，条索均匀，外形美观。

【活动设计】

一、活动条件

茶艺馆实训室；冲泡所用的开水、茶具、茶叶及其他用具。

二、安全与注意事项

茶具无破损；茶叶保存方式正确，茶叶新鲜；茶叶品种齐全。

三、活动实施（见表1：活动实施步骤说明；表2：红茶茶叶品种等级对照表）

四、活动反馈（见表3：辨识红茶品种检测表）

【知识链接】

世界红茶四大品种

一、中国的祁门红茶

在中国生产最多的红茶品种是工夫红茶，其中最出名的是祁门红茶，也叫祁门工夫，与印度的大吉岭茶和斯里兰卡的乌伐茶在西方世界被并称为“世界三大高香红茶”。祁门红茶外形条索紧细苗秀，金毫不多，色泽乌润；冲泡后香气清香持久，似果香又似兰花香，国际茶市上甚至把这种香气专门命名为“祁门香”，可见其香气之独特。汤色红艳明亮，口感鲜醇厚重，叶底嫩软红亮。

二、印度的大吉岭红茶

产于印度西孟加拉省北部喜马拉雅山麓的大吉岭高原一带。当地年均温15摄氏度左右，白天日照充足，但日夜温差大，谷地里常年云雾弥漫，是孕育此茶独特芳香的一大因素。大吉岭红茶以5～6月的二号茶品质最优，被誉为“红茶中的香槟”，拥有高昂的身价。与3～4月的一号茶多为青绿色不同，二号茶的颜色是金黄的。其汤色橙黄，气味芬芳高雅，上品尤其带有葡萄香，口感细致柔和。大吉岭红茶最适合清饮，但因为茶叶较大，需稍久焖（约5分钟）使茶叶尽舒，才能得其味。下午茶及进食口味较杂的盛餐后，最宜饮此茶。

三、斯里兰卡的锡兰红茶

斯里兰卡以乌伐茶最著名，产于山岳地带的东侧，常年云雾弥漫，由于冬季吹送的东北季风带来雨量(11月~次年2月),不利茶园生产,故以7~9月所获的品质最优。产于山岳地带西侧的汀布拉茶和努沃勒埃利耶茶,则因为受到夏季(5~8月)西南季风送雨的影响,以1~3月收获的最佳。锡兰红茶通常制为碎形茶,呈赤褐色。其中的乌伐茶汤色橙红明亮,上品的汤面环有金黄色的光圈,犹如加冕一般;其风味具刺激性,透出如薄荷、铃兰的芳香,滋味醇厚,虽较苦涩,但回味甘甜。汀布拉茶的汤色鲜红,滋味爽口柔和,带花香,涩味较少。努沃勒埃利耶茶无论色、香、味都较前二者淡,汤色橙黄,香味清芬,口感稍近绿茶。

四、印度的阿萨姆红茶

产于印度东北部阿萨姆邦的阿萨姆溪谷(喜马拉雅山麓)一带。当地日照强烈,需另种树为茶树适度遮蔽;又由于雨量丰富,因此促进热带性的阿萨姆大叶种茶树蓬勃发育。以6~7月采摘的品质最优,但10~11月产的秋茶较香。阿萨姆红茶的茶叶外形细扁,色呈深褐;汤色深红稍褐,带有淡淡的麦芽香、玫瑰香,滋味浓,属烈茶,是冬季茶饮的最佳选择。

【课后作业】

分小组选用五款红茶,收集相关红茶的历史故事和特点,模拟给宾客介绍红茶。

小组		组长	
工作任务			
具体分工			
模拟流程			
活动总结 (不少于200字)			
自评			
小组评			
教师评			

表 1：活动实施步骤说明

序号	步骤	操作及说明	标准
1	准备红茶	①准备四款红茶。 ②把茶叶放在茶荷里。	①红茶四款，分别是祁门红茶、英红九号、滇红、正山小种。 ②茶荷干爽、净洁。
2	茶叶辨识	①根据外形特点辨识红茶品种。	①说出红茶品种。
		②对宾客选定的红茶进行详细介绍。	②根据客人需求，介绍红茶特性。
			③讲解过程中使用礼貌用语。
3	填写任务书	小组根据自己介绍的内容，完成下发的任务书。	任务书填写内容正确完整。

表 2：红茶茶叶品种等级对照表

茶品	等级	色泽	形状	干香
祁门红茶	特级			
正山小种	特级			
英红九号	特级			
滇红	特级			

表 3：辨识红茶品种检测表

茶艺师： **班级：**

序号	举证内容	举证标准	评判结果	
			是	否
1	准备工作	①红茶品种齐全。		
		②茶荷干爽、净洁。		
2	辨识红茶	①根据外形特征说出红茶名称。		
		②正确归类红茶品种。		
		③讲解过程中使用礼貌用语。		
3	填写任务书	填写内容正确完整。		

检查人： **时间：**

02 红茶的传说与功效

【学习目标】

1. 能介绍红茶的历史故事与功效。
2. 能掌握好红茶的专业知识，根据宾客的特点推荐一款适宜的红茶。

【核心概念】

茶艺师的茶叶介绍：茶艺师要为宾客介绍适宜的好茶，首先要能掌握不同茶叶的专业知识。因此，能否区分不同品种及其品质特征是茶叶介绍的关键。茶艺师能否给宾客带来更详尽的讲解，是决定宾客最后能否接受推荐的重要因素。

【基础知识：红茶的历史与功效】

红茶的鼻祖在中国，世界上最早的红茶于明代时由福建武夷山茶区的茶农发明，名为“正山小种”。正山小种于1610年流入欧洲。1662年，葡萄牙凯瑟琳公主嫁给英王查理二世，其嫁妆中有几箱中国的正山小种红茶。从此，红茶被带入英国宫廷，喝红茶迅速成为英国皇室生活不可缺少的一部分。在早期的英国伦敦茶叶市场中，也只出售正山小种红茶，并且价格异常昂贵，唯有豪门富室方能饮用。英国人对红茶的挚爱，使得饮用红茶渐渐演变成一种高尚华美的时尚文化，并被推广到了全世界。

1689年，英国更在福建厦门设置基地，大量收购中国茶叶。英国喝红茶比喝绿茶多，在厦门所收购的茶叶都是属于红茶类的半发酵茶——“武夷茶”。武夷茶色黑，故被称为“Blacktea”（直译为黑茶）。后来茶学家根据茶的制作方法和茶的特点对其进行分类，武夷茶冲泡后红汤红叶，按其性质属于“红茶类”。但英国人的惯用称呼“Blacktea”

却一直沿袭下来，用以指代“红茶”。

红茶是发酵茶，以茶树新芽叶为原料精制而成，在加工过程中发生了以茶多酚酶促氧化为中心的化学反应，鲜叶中的化学成分变化较大，茶多酚减少90%以上，产生了茶黄素、茶红素等新成分，香气物质比起鲜叶来说，明显增加。红茶拥有一股明显的香甜味道，且可帮助胃肠消化、促进食欲，可利尿、消除水肿、消炎杀菌、清热解毒，有强壮心脏的功能。此外，中医认为，茶也分寒热，例如绿茶属苦寒，适合夏天喝，用于消暑；红茶、普洱茶偏温，较适合冬天饮用，至于乌龙茶、铁观音等则较为中性。胃容易不舒服或冰瓜果吃太多感到不适的人，可在红茶中酌加黑糖、生姜片，趁温热慢慢饮用，有养胃功效。

总的来说，红茶的主要功效有以下几点：

- 提神消疲：红茶中的咖啡碱藉由刺激大脑皮质来使神经中枢兴奋，促成提神、思考力集中，进而使得思维反应更加敏锐，记忆力增强；它也对血管系统和心脏具兴奋作用，强化心搏，从而加快血液循环以利于新陈代谢，同时又促进发汗和利尿，由此双管齐下加速排泄乳酸（使肌肉感觉疲劳的物质）及其他体内老废物质，达到消除疲劳之效。

- 生津清热：夏天饮红茶能止渴消暑，是因为茶中的多酚类、醣类、氨基酸、果胶等与口涎产生化学反应，刺激唾液分泌，滋润口腔，产生清凉感；同时，咖啡碱控制下视丘的体温中枢，能调节体温。它还能刺激肾脏以促进热量和污物的排泄，维持人体内的生理平衡。

- 利尿：在红茶中的咖啡碱和芳香物质联合作用下，肾脏血流量增加，肾小球过滤率提高，肾微血管扩张，肾小管对水的再吸收被抑制，促成尿量增加，有利于排除体内乳酸、尿酸（与痛风有关）、过多的盐分（与高血压有关）、有害物等，缓解心脏病或肾炎造成的水肿。

- 消炎杀菌：红茶中的多酚类化合物具有消炎的效果。实验发现，儿茶素类能与单细胞的细菌结合，使蛋白质凝固沉淀，藉此抑制和消灭病原菌。所以饮用红茶对细菌性痢疾及食物中毒患者颇有益处，民间也常用浓茶涂伤口、褥疮和香港脚。

- 解毒：红茶中的茶多碱能吸附并沉淀分解重金属和生物碱，这对饮用水和食品受到工业污染的现代人而言，不啻是一项福音。

- 强壮骨骼：2002年5月13日，美国医师协会发表对男性497人、女性540人10年以上的调查结果，指出饮用红茶能使人骨骼强壮，红茶中的多酚类（绿茶中也有）有抑制破坏骨细胞物质的活力。为了防治女性常见的骨质疏松症，建议每天服用一小杯红茶，坚持数年效果明显。如果在红茶中加上柠檬，强壮骨骼的效果更佳。

- 抗衰老：绿茶和红茶中的抗氧化剂可以彻底破坏癌细胞中化学物质的传播路

径。根据研究，红茶的抗衰老效果强于大蒜头、西兰花和胡萝卜等。

● 养胃护胃：人在没吃饭的时候饮用绿茶，会感到胃部不舒服，这是因为绿茶中所含的重要物质——茶多酚具有收敛性，对胃有一定的刺激作用，空腹情况下刺激性更强。而红茶就不一样了。它是经过发酵烘制而成的，不仅不会伤胃，反而能够养胃。经常饮用加糖、加牛奶的红茶，能消炎、保护胃黏膜，对治疗溃疡也有一定效果。

● 舒张血管：美国医学界一项与红茶有关的研究发现，心脏病患者每天喝4杯红茶，血管舒张度可以从6%增加到10%。常人在受刺激后，则舒张度会增加13%。

【活动设计】

一、活动条件

茶艺馆实训室；讲解展示所用的开水、茶具、茶叶及其他用具。

二、安全与注意事项

茶具无破损；茶叶保存方式正确，茶叶新鲜。

三、活动实施（见表1：活动实施步骤说明）

四、活动反馈（见表2：介绍红茶功效检测表）

【知识链接】

红茶的饮用禁忌

以下几类人群忌饮红茶：

● 结石病人和肿瘤患者。

● 贫血、平时情绪容易激动或比较敏感、睡眠质量欠佳和身体较弱的人。因为红茶具有很好的提神醒脑作用，易使症状加重。

● 胃热的人。因为红茶是温性茶，有暖胃的功效。

● 舌苔厚者、口臭者、易生痘者、双目赤红的人。

● 正在服药的人。红茶会破坏药效。

● 经期的女性。经期会大量消耗体内的铁元素，红茶中的鞣酸会妨碍人体对食物中铁的吸收。

● 孕期女性。红茶中的咖啡碱会增加孕妇心、肾的负荷，造成孕妇的不适。

● 哺乳期女性。红茶中的鞣酸影响乳腺的血液循环，会抑制乳汁分泌，影响哺乳质量。

● 更年期女性。红茶中的茶多酚可能会导致其出现心跳加快、睡眠质量差等症状。

【课后作业】

陈女士一行4人到茶馆品饮红茶。应如何根据客人的年龄特点进行茶艺服务？请根据任务进行实践练习，并做好流程记录。

小组		组长	
工作任务			
具体分工			
模拟流程			
活动总结 （不少于200字）			
自评			
小组评			
教师评			

表 1：活动实施步骤说明

序号	步骤	操作及说明	标准
1	准备工作	准备几种红茶茶样供选择。	①茶叶品种齐全。 ②茶样新鲜。
2	茶叶介绍	①介绍红茶的历史。	①红茶的历史及来源正确。
		②介绍红茶的功效与禁忌。	②介绍红茶功效全面、到位，告知红茶的饮用禁忌。
		③为宾客点单，选定一款红茶。	③根据客人需求推介茶品。 ④讲解过程中用语精确易懂。

表 2：介绍红茶功效检测表

茶艺师： 班级：

序号	举证内容	举证标准	评判结果	
			是	否
1	选择一款红茶	选择一款适宜的红茶。茶样新鲜。		
2	茶叶介绍	①语言表达精确易懂。		
		②茶样的特点表述正确。		
		③茶样的特色工艺介绍到位。		
		④茶样的功效特点介绍较突出。		
		⑤根据客人的需求，正确推介茶品。		

检查人： 时间：

03 红茶的冲泡器皿

【学习目标】

1. 能描述一种茶器的特点。
2. 能根据宾客的喜好与红茶的品质特征，为宾客选择适宜冲泡红茶的器皿。

【核心概念】

茶艺冲泡器皿：不同的茶器有不同的特性。茶艺师要为宾客冲泡一壶好茶，让宾客赏心悦目的同时品好茶汤，能否区分不同茶器的品种特征是关键。

【基础知识：冲泡红茶的器具】

冲泡红茶的器具有以下四种，不同类型的器具可以分别突显红茶的某一特性。

- 青花瓷：青花瓷制品颜色纯白，细致洁净，绘制的图案十分美观。用青花瓷冲泡红茶，可更加突出红茶的汤色，使其看起来更为清晰透彻，是冲泡红茶的好选择。
- 紫砂壶：紫砂壶透气性好，能去杂叶，冲泡出来的茶汤不但可以保持其原汁原味，不易变味，更可以品闻红茶的香气。红茶是高香型茶叶，用紫砂壶冲泡既养壶又能泡出好喝的红茶。紫砂壶用越久，其壶身会更发亮，茶具的气韵也会更加温雅。
- 玻璃茶壶：在冲泡红茶时，用玻璃茶具可以更好地欣赏红茶茶汤，更具美感。在很多茶馆中，冲泡红茶时所用的茶具一般都是玻璃茶具。
- 盖碗：又称三才杯，盖为“天”，托为“地”，中间是“人”，三才合一，天时地利人和，故端起、放下的已不仅仅是茶汤。盖碗所冲泡的红茶，在整个品茶的流程中是拥有最多惊喜变化的。

一、活动条件

茶艺馆实训室；冲泡红茶所用的开水、茶具、茶叶及其他用具。

二、安全与注意事项

茶具无破损；茶叶保存方式正确，茶叶新鲜；茶具摆放在不易碰撞之处，电源线板通电安全；斟茶时，避免茶水溅落到客人身上。

三、活动实施（见表1：活动实施步骤说明）

四、活动反馈（见表2：三种器具对比冲泡检测表）

【知识链接】

茶具名窑（一）

越窑：该名称最早见于唐人陆龟蒙的《秘色越器》一诗，系对杭州湾南岸古越地青瓷窑场的总称。形成于汉代，经三国、西晋，至晚唐五代达到全盛期，至北宋中叶衰落。中心产地位于上虞曹娥江中游地区，以生产青瓷为主，质量上乘。陆羽《茶经·四之器》中评述茶碗的质量时写道："若邢瓷类银，越瓷类玉，邢不如越也；邢瓷类雪，则越瓷类冰，邢不如越二也；邢瓷白而茶色丹，越瓷青而茶色绿，邢不如越三也。"可见其对越瓷的推崇。

邢窑：在今河北内丘、临城一带，唐代属邢州，故得名。该窑始于隋代，盛于唐代，所产白瓷质地细腻，釉色洁白，曾被纳为御用瓷器，一时与越窑青瓷齐名，世称"南青北白"。陆羽在《茶经》中认为"邢不如越"，主要是因为他饮用的是蒸青饼茶，若改用红茶比较，则在反映茶汤色泽的真实性上，结果或正好相反，所以两者各有所长，关键在于与茶性是否相配。

汝窑：宋代五大名窑之一，在今河南宝丰清凉寺一带，因北宋属汝州而得名。北宋晚期为宫廷烧制青瓷，是古代第一个官窑，又称北宋官窑。釉色以天青为主，用石灰—碱釉烧制技术，釉面多开片，胎呈灰黑色，胎骨较薄。

钧窑：宋代五大名窑之一。在今河南许昌神垕镇，因此地唐宋时为钧州所辖而得名。钧窑始于唐代，盛于北宋，至元代衰落。以烧制铜红釉为主，还大量生产天蓝、月白等乳浊釉瓷器，至今仍生产各种艺术瓷器。

定窑：宋代五大名窑之一。在今河北曲阳涧磁村和燕山村，因唐宋时属定州而得名。唐代已烧制白瓷，五代有较大发展。其白瓷釉层略呈绿色，流釉如泪痕。北宋后期创覆烧法，碗盘器物口沿无釉，称为"芒口"。五代、北宋时期承烧部分宫廷用瓷，器物底部有"官"和"新官"铭文。宋代除烧白瓷外，还烧黑釉、酱釉和绿釉等品种。

【课后作业】

以小组为单位，选一款红茶，使用不同茶具（盖碗、玻璃杯）进行对比冲泡，并完成下表。

茶品	茶具类型	冲泡要素	第一次	第二次	第三次
	盖碗	投茶量			
		水温			
		注水位置			
		出汤时间			
		冲泡次数			
	玻璃杯	投茶量			
		水温			
		注水位置			
		出汤时间			
		冲泡次数			
对比小结（200字以上）					

实验茶艺师：　　　　时间：　　　　评定等级：　　　　评分者：

表1：活动实施步骤说明

序号	步骤	操作及说明	标准
1	选择茶具	准备白瓷盖碗、玻璃壶、紫砂壶。	①三者容量一致：150毫升。
			②茶具干净。
2	准备茶叶	准备5克金骏眉。	①金骏眉新鲜。
			②重量5克。
3	冲泡	①水温95摄氏度。	①水温95摄氏度。
		②水柱落点位统一在4点钟方向。	②水柱落点位统一在4点钟方向。
		③出汤时间是第一泡3～5秒，后面逐次加10秒。	③出汤时间是第一泡3～5秒，后面逐次加10秒。
		④对比第二泡茶汤。	④对比第二泡茶汤。
4	对比结论	①对比汤色。	①结论描述清楚。
		②对比香味。	
		③对比滋味。	②语言简练。

表2：三种器具对比冲泡检测表

茶艺师：　　　　　　　　　　班级：

序号	举证内容	举证标准	评判结果	
			是	否
1	准备茶具	①三种器具容量一致：150毫升。		
		②茶具干净。		
2	准备茶叶	①金骏眉新鲜。		
		②重量5克。		
3	冲泡	①水温95摄氏度。		
		②水柱落点位统一在4点钟方向。		
		③出汤时间是5秒，第二泡开始逐次增加10秒。		
		④对比第二泡茶汤。		
4	对比结论	①结论描述清楚。		
		②语言简练。		

检查人：　　　　　　　　　　时间：

04 冲泡红茶

【学习目标】

1. 抽取一款红茶，能专业地描述冲泡红茶的流程。
2. 能掌握茶叶冲泡的专业知识，为宾客冲泡一壶红茶。

【核心概念】

红茶冲泡：冲泡是茶艺中最关键的环节。能否把茶叶的最佳状态表现出来，与冲泡的技艺掌握程度有很大的关系。

【基础知识：红茶冲泡知识】

清饮最能品味红茶的隽永香气。作为茶室里的万能茶具，盖碗泡红茶再合适不过了，是充满最多惊喜变化的茶具。当决定使用白瓷盖碗来为多人冲泡红茶时，茶艺师需要掌握好以下技巧。

- 水温：红茶属于全发酵茶，因此冲泡红茶的水温一般用高温90～95摄氏度即可。
- 投茶量：根据人数以及红茶的特点，红茶的用量在3～5克。也就是说，茶叶与水的比例是1∶60或40之间。
- 醒茶：红茶溶出速度比较平稳，醒茶要快进快出。但如祁门红茶那样，原料相对细嫩、体型相对较小的红茶，则可以不用醒茶。
- 注水方式：红茶发酵重，揉捻也重，需一定程度的搅动才能让茶汁浸出，滋味出来。注水方式一般用螺旋形注水，水柱低粗但不宜过快，否则滋味瞬间释放，茶味易苦涩。
- 出汤时间：因为红茶中的茶多酚已经被氧化，其富含的物质是茶黄素、茶褐素，这两种物质的溶出速度比较平稳，故茶艺师出汤时间需看茶叶大小和品质来决定，当然也要考虑品饮者的口感需求。一般来说，红茶一经冲泡，其茶香、茶味就会被迅速激发，故红茶的出汤时间要比绿茶稍短，如果时间过长，则容易造成茶汤苦涩。红茶一般第一泡3～5秒出汤，此后逐步延长冲泡时间，可延长到1分钟左右。

- 冲泡次数：红茶冲泡次数一般控制在5～7次，通常好的红茶大约可以冲泡10次左右，之后因其营养成分已经完全溶解出来，滋味便随之变淡。
- 引导品饮：茶艺师奉茶。红茶名品的香气浓郁，品饮时一般是先闻香，再品味，满口生香，回味甘美。

红茶的冲泡方法很多，选用哪种方法冲泡，取决于茶叶的品种，与该茶叶的鲜嫩程度。掌握好茶叶量与水量的比例，以及水温、冲泡时间，是冲泡红茶的关键。细嫩度高的名优红茶，水与茶叶的标准比例一般为150毫升水/3克茶叶，即50∶1。按传统冲泡方式，依据茶叶嫩度，水温可控制在90～95摄氏度。根据茶叶品质和注水方法，冲泡时间一般可从5秒到1分钟不等。

冲泡工夫红茶一般采用壶泡法，具体步骤如下。

- 备具：壶、公道杯、品茗杯、闻香杯放茶盘上，茶道、茶样罐放左侧，烧水壶在右侧。
- 赏茶：把茶叶放到茶荷中，让来客欣赏茶叶的色和形。
- 烫杯热壶：将开水倒入水壶中，然后将水倒入公道杯，接着倒入品茗杯中。
- 投茶：按1∶50的比例把茶叶放入壶中。
- 醒茶：右手提壶加水，左手拿盖刮去浮沫后将盖盖好，5秒快速出汤，温润泡。
- 出汤：将开水加入壶中10秒，右手拿壶将茶水倒入公道杯中。
- 分茶：用公道杯将茶汤均匀地分到各个品茗杯中。
- 奉茶：向宾客奉茶。

【活动设计】

一、活动条件

茶艺馆实训室；冲泡所用的开水、茶具、茶叶及其他用具。

二、安全与注意事项

茶具无破损；茶叶保存方式正确，茶叶新鲜；茶具摆放在不易碰撞之处，电源线板通电安全；斟茶时，避免茶水溅落到客人身上。

三、活动实施（见表1：活动实施步骤说明）

四、活动反馈（见表2：红茶冲泡评分表）

【知识链接】

红茶拿铁的做法

红茶拿铁与水果拿铁类似，由红茶提取物与牛奶以1∶4的比例混合调制而成，不仅味道醇厚清香，且同时兼具红茶与牛奶的营养价值，是一种非常健康的饮品。其制作过程如下：

1. 准备红茶、鲜牛奶（勿以酸奶或脱脂奶代替）。

2. 取50毫升红茶倒入马克杯中。

3. 取200毫升牛奶倒入玻璃杯中，并将其置于蒸汽喷嘴下加热20秒，制成高温的牛奶与奶泡混合体。温度应尽量控制好，超过90摄氏度可能会造成牛奶的沸腾，破坏奶泡。

4. 将牛奶和奶泡混合体上下抖动，使奶泡尽可能集中在上方。

5. 以小勺堵住玻璃杯口，将热牛奶慢慢倒入马克杯中，把奶泡留下，并均匀搅拌，使牛奶与红茶充分混合。

6. 把奶泡倒入马克杯中，使其停留在搅拌好的牛奶、红茶上方。这样一杯香甜温润的红茶拿铁就制成了。

【课后作业】

对祁门红茶、正山小种、金骏眉、英红九号进行对比冲泡，深入了解红茶的特点。

<table>
<tr><th>茶叶</th><th>外形</th><th>色泽</th><th>滋味</th><th>汤色</th></tr>
<tr><td rowspan="7"></td><td></td><td></td><td></td><td></td></tr>
<tr><th>冲泡要素</th><th>第一次</th><th>第二次</th><th>第三次</th></tr>
<tr><td>投茶量</td><td></td><td></td><td></td></tr>
<tr><td>水温</td><td></td><td></td><td></td></tr>
<tr><td>注水位置</td><td></td><td></td><td></td></tr>
<tr><td>出汤时间</td><td></td><td></td><td></td></tr>
<tr><td>冲泡次数</td><td></td><td></td><td></td></tr>
<tr><td>小结（200字以上）</td><td colspan="4">（结合茶汤的滋味、汤色、香味进行总结）</td></tr>
</table>

实验茶艺师：　　　　时间：　　　　评定等级：　　　　评分者：

表 1：活动实施步骤说明

序号	步骤	操作及说明	标准
1	茶乐配置	根据主题配置音乐。	①具有较好的烘托气氛效果。
			②具有较强艺术感染力。
2	茶叶介绍	用得体的语言介绍茶叶。	①对所用茶叶功能掌握全面，介绍细致。
			②语言得体，讲解口齿清晰。
3	选择茶具	①布置茶桌。	①茶桌布置符合标准。
		②选用盖碗及配套茶具。	②茶具配套完整，清洁干净。
4	确定投茶量	根据盖碗的大小确定茶叶的重量。	①使用电子秤称量茶量。
			②茶叶重5克。
5	确定水温	根据红茶的品质，确定冲泡的水温。	①使用温度计看水温。
			②水温90～95摄氏度。
6	选择注水位置	①提起随手泡。	①落点在4点钟方向。
			②螺旋形注水。
		②环形定点冲泡。	③水柱低粗。
7	出汤时间	①水量为盖碗的8分满。	①第一泡5秒。
			②第二泡15秒。
		②盖好碗盖。	③第三泡25秒。
		③心中默数，1秒一下。	④第四泡35秒。
8	冲泡次数	冲泡4次。	冲泡4次。
9	引导品饮	①向宾客介绍茶汤。	①引导客人欣赏冲泡后展开的茶叶形状。
		②微笑示范饮茶方式。	②引导客人品饮红茶的滋味。

表 2：红茶冲泡评分表

茶艺师： **班级：**

序号	举证内容	举证标准	评判结果	
			是	否
1	茶乐配置	根据主题配置音乐，具有较强艺术感染力。		
2	茶叶介绍	①对所用茶叶功能掌握全面，介绍细致。		
		②语言得体，讲解口齿清晰。		
3	茶具的选择	①茶桌布置符合标准。		
		②茶具配套完整，清洁干净。		
		③茶具之间功能协调，质地、形状、色彩调和。		
4	水温	①使用温度计看水温。		
		②水温90～95摄氏度。		
5	投茶量	①使用电子秤称量茶量。		
		②茶叶重5克。		
6	醒茶	需醒茶（快进快出）。		
7	注水方式	①螺旋形注水。		
		②水柱低粗。		
8	出汤时间	第一泡5秒，随后以每次加10秒的时间进行冲泡。		
9	冲泡次数	冲泡4次以上。		
10	引导品饮	①引导客人闻茶香。		
		②引导客人品饮红茶的滋味。		

检查人： **时间：**

第六节
黑茶冲泡

01 黑茶的品种与品质特征

【学习目标】

1. 能专业地描述黑茶的品种与品质特征。
2. 能掌握好黑茶的专业知识，为宾客进行熟练的讲解。

【核心概念】

黑茶：属于后发酵茶，是中国特有的茶类，生产历史悠久。黑茶的原料一般较粗老，加之制作过程中堆积发酵时间较长，因而叶色油黑或黑褐，故称黑茶。

【基础知识：认识黑茶】

黑茶属后发酵茶，是中国特有的茶类，生产历史悠久，一般采摘茶树上的老粗叶，经过杀青、揉捻、渥堆和干燥等工艺，由于制造过程中堆积发酵时间较长，其成品茶色泽黑褐光润，有着淡雅的清香，故称黑茶。黑茶属于六大茶类之一，以制成紧压茶为主（边销茶，又叫边茶，是一种专供边疆少数民族饮用的特种茶，属黑茶类，多为紧压茶），是藏族、蒙古族和维吾尔族等兄弟民族日常生活的必需品，有"宁可三日无食，不可一日无茶"之说。压制各种紧压茶的主要原料为黑毛茶。

黑茶冲泡之后，汤色橙黄明亮，香气纯正，滋味浓厚鲜醇，有显著的养胃护胃之效。黑茶属后发酵茶类，宜用高水温冲泡。虽然黑茶比较温和耐浸，但亦忌长时间浸泡，否则苦涩味重。但如冲法得宜，则茶汤清澈，茶味醇厚。

按地域分布，黑茶主要分类为湖南黑茶（茯茶、千两茶、黑砖茶、三尖等）、湖北老黑

茶、四川藏茶（边茶）、安徽古黟黑茶（安茶）、云南黑茶（普洱茶）、广西六堡茶及陕西黑茶（茯茶）。（见第VII页图）

中国十大名茶中，属于黑茶类的有云南黑茶（普洱茶）。此外，黑茶的代表茶类还有安化黑茶、梧州六堡茶、雅安藏茶、赤壁青砖茶。下面，我们分别认识一下上述这些黑茶类名茶。

云南普洱茶：主要产于云南省的西双版纳、临沧、普洱等地区。因制法不同，分为生茶和熟茶。普洱生茶是新鲜的茶叶采摘后以自然的方式陈放，未经过渥堆发酵处理，故其茶性较烈，刺激，新制或陈放不久的生茶有强烈的苦味，汤色较浅或黄绿。生茶长久储藏，可以逐年观赏到生普洱的叶子颜色渐渐变深，其香味也越来越醇厚，且色泽墨绿、香气清纯持久、滋味浓厚回甘、汤色绿黄清亮、叶底肥厚黄绿。

普洱熟茶经过渥堆发酵使茶性趋向温和，茶水丝滑柔顺，醇香浓郁，汤色红浓明亮，香气具独特陈香，滋味醇厚回甘，叶底红褐均匀，因此更适合日常饮用。质量上乘的熟普非常值得珍藏，其香味会随着陈化的时间而变得越来越柔顺、浓郁。

安化黑茶：主要产于湖南安化县，其色泽乌黑油润，汤色橙黄，香气纯正，有的略带独特的松烟香，滋味甘醇或微涩，耐冲泡。

梧州六堡茶：主要产于广西壮族自治区梧州市，其色泽黑褐光润，汤色红浓明亮，滋味醇和爽口、略感甜滑，香气醇陈、有槟榔香味，叶底红褐，并且耐于久藏，越陈越好。对六堡茶而言，它打动人的是岁月的沧桑，愈陈愈香的特质是其它茶类所不具备的。

雅安藏茶：主要产于四川雅安，其色泽为深褐色、质地均匀、黑而光亮（乌黑），香气纯正、无杂味，汤色甫出时呈淡黄红，继而转为透红，随热气上扬，余香不断，口感甘甜，不涩不苦，吞咽滑爽。

赤壁青砖茶：主要产于鄂南和鄂西南，其外形为长方砖形，色泽青褐，香气纯正，滋味醇和，汤色橙红，叶底暗褐。

【活动设计】

一、活动条件

茶艺馆实训室；讲解展示所用的开水、茶具、茶叶及其他用具。

二、安全与注意事项

茶具无破损；茶叶保存方式正确，茶叶新鲜；茶叶品种齐全。

三、活动实施（见表1：活动实施步骤说明；表2：黑茶茶叶品种等级对照表）

四、活动反馈（见表3：辨识黑茶品种检测表）

【知识链接】

黑茶的分类

黑茶按地域可主要分类为安徽黑茶、湖南黑茶、四川藏茶、云南黑茶、广西六堡茶、湖北老黑茶和陕西黑茶。按产区的不同，可分为湖南黑茶、湖北老青茶、四川雅安藏茶和滇桂黑茶。

1. 湖南安化黑茶

主要集中在安化生产，最好的黑茶原料数高马二溪产的茶叶。湖南黑茶是采割下来的鲜叶经过杀青、初揉、渥堆、复揉、干燥等五道工序制作而成，其条索卷折成泥鳅状。黑毛茶经蒸压装篓后称天尖，蒸压成砖形的是黑砖、花砖或茯砖等。

2. 湖北老青茶

老青茶产于湖北蒲圻、咸宁、通山、崇阳、通城等县，采割的茶叶较粗老，含有较多茶梗，经杀青、揉捻、初晒、复炒、复揉、渥堆、晒干而制成。以老青茶为原料，蒸压成砖形的成品称“老青砖”，主销内蒙古自治区。

3. 四川边茶（藏茶）

分南路边茶和西路边茶。四川雅安、天全、荣经等地生产的南路边茶，压制成紧压茶——康砖、金尖后，主销西藏，也销青海和四川甘孜。四川灌县、崇庆、大邑等地生产的西路边茶，蒸后压装入篾包制成方包茶或圆包茶，主销四川阿坝及青海、甘肃、新疆等省。

4. 滇桂黑茶

用滇晒青毛茶经沤堆发酵后干燥而制成，统称普洱茶。以这种普洱散茶为原料，可蒸压成不同形状的紧压茶。

【课后作业】

分小组选用三款黑茶，收集黑茶的历史故事和特点，模拟向宾客介绍黑茶。

小组		组长	
工作任务			
具体分工			
模拟流程			
活动总结（不少于200字）			
自评			
小组评			
教师评			

表 1：活动实施步骤说明

序号	步骤	操作及说明	标准
1	准备工作	①准备四种以上的黑茶。	①黑茶数量至少四种以上，展示方式正确。
		②把茶叶放在茶荷里。	②茶荷干爽、净洁。
2	准备茶叶	①根据外形特点辨识黑茶品种。	①说出黑茶品种。
			②根据展示的黑茶品种进行分类。
		②对宾客选定的黑茶进行详细介绍。	③根据客人需求介绍黑茶特性。
			④讲解过程中使用礼貌用语。
3	填写任务书	小组根据自己介绍的内容，完成下发的任务书。	任务书填写内容正确完整。

表 2：黑茶茶叶品种等级对照表

茶品	色泽	形状	干香
安化黑茶			
云南普洱			
广西六堡茶			
茯砖			

表 3：辨识黑茶品种检测表

茶艺师：　　　　　　　　　　班级：

序号	举证内容	举证标准	评判结果	
			是	否
1	准备工作	①黑茶品种齐全。		
		②茶荷干爽、净洁。		
2	辨识黑茶	①根据外形特征说出黑茶名称。		
		②正确归类黑茶品种。		
		③讲解过程中使用礼貌用语。		
		④活动结束后能收拾好茶桌。		
3	填写任务书	茶叶介绍任务书填写内容正确完整。		

检查人：　　　　　　　　　　时间：

第六节
黑茶冲泡

02 黑茶的历史与功效

【学习目标】

1. 能介绍黑茶的历史故事与功效。
2. 能掌握好黑茶的专业知识，根据宾客的特点推荐适宜的黑茶品种。

【核心概念】

黑茶的功效：黑茶独特的加工过程，尤其是微生物的参与使其具有特殊的中医药理功效，其富含茶多糖类化合物被医学界认为可以调节人体内的糖代谢（防止糖尿病），降血脂、血压，抗血凝、血栓，提高机体免疫力。

【基础知识：黑茶的历史与功效】

“黑茶”二字，最早见于明嘉靖三年（1524年）御史陈讲的奏疏：“以商茶低伪，征悉黑茶。地产有限，仍第为上中二品，印烙篾上，书商名而考之。每十斤蒸晒一篾，运至茶司，官商对分，官茶易马，商茶给卖。”（《甘肃通志》）此茶系蒸后踩包之茶，具有发酵特征，实为黑茶无疑。

湖南黑茶起源于秦汉时期由湖南省益阳市安化县渠江镇生产的渠江黑茶薄片，这些形状不一的扁平薄片状因民间相传为张良所造，故俗称“张良薄片”。安化素有加工烟熏茶的习惯，茶叶通过高温火焙，色泽变得黑褐油润，故称“黑茶”。汉代时黑茶薄片成为皇家贡茶。明嘉靖年间，资江下游出现了商埠重镇东坪和黄沙坪，它们与乔口和黄沙坪对岸的酉州一起，以茶叶为发端，成为丝绸之路的茶马古道在南方的重要起点。清代集黑茶生产工艺之大成而问世的安化“千两茶”，被近代人誉为“世界茶王”。现今故宫仅存的一支“千两茶”已成为无价之宝。清末，安化茶叶名驰天下，其产业盛况空前，至今尚有百年历史的茶行、茶亭、茶书、茶钟、茶马古道驿站、茶具、茶歌、茶谣、茶俗存在于民间。2009年，安化入选世界纪录协会中国最早的黑茶生产地。

四川黑茶则起源于四川省，其年代可追溯到唐宋时茶马交易的中早期。茶马交易中的茶首先是从绿茶开始的。当时茶的交易集散地为四川雅安和陕西汉中，由雅安出发，抵达西藏至少需要2~3个月的路程，由于缺乏遮阳避雨的工具，雨天茶叶被淋湿，天晴时又被晒干，干、湿互变过程使茶叶在微生物的作用下发酵，产生了品质完全不同于起运时的茶品，因此“黑茶是马背上形成的”一说是有其道理的。后来，人们在初制或精制过程中增加了一道渥堆工序，黑茶就此诞生。这类茶品普遍能够长期保存，且有越陈越香的品质。

藏茶是黑茶的鼻祖，也称南路边茶，其制作工艺极为复杂，须经32种古法制成。由于持续发酵，所以极具收藏价值，是古茶类中收藏价值最高的茶种。四川省雅安市是藏茶的原产地，已有1300年历史。明代嘉靖年间，陕西泾阳商帮陆续来雅安投身边茶行业。他们资金雄厚、经商有道，从明到清先后创办了10余家茶号，经营规模很快超过当地川帮，每年认“引”数额占雅安的三分之二。清朝允许民间藏茶贸易，到清末，雅安、天全、荥经、名山、邛崃等县的私营茶号共有200多家。

总的来说，由于黑茶属于后发酵茶，发酵过程中产生了大量的消化酶，对于肠胃功能低下、消化不良等病症具有显著的辅助治疗作用。现代医学研究表明：藏茶中包含近500种对人体有益的有机化合物，约700种香气化合物，无机物的含量也相当丰富，包括有磷、钾、镁、硒等不少于15种矿物质。经常饮用黑茶，有助于人体消化，能调节脂肪代谢，改善肠道微生物环境，具有养胃、护胃、消腻、减肥、降脂、抗氧化、利尿解毒等保健功效。

- 助消化解油：黑茶能改善肠道微生物环境，其中的咖啡碱、维生素、氨基酸、磷脂等有助于人体消化，调节脂肪代谢，咖啡碱的刺激作用更能提高胃液的分泌量，从而增进食欲，帮助消化，具有很强的解油腻、消食等功能，特别是对主食牛、羊肉和奶酪，饮食中缺少蔬菜和水果的西北地区的居民而言，黑茶是他们的身体必需矿物质和各种维生素的重要来源，“宁可三日无食，不可一日无茶”。

- 降脂减肥：血脂含量高，会导致动脉粥状硬化，形成血栓。黑茶中含量丰富的茶多糖具有降低血脂和血液中过氧化物活性的作用，能降解脂肪、抗血凝、促纤维蛋白原溶解和显著抑制血小板聚集，还能使血管壁松弛，增加血管有效直径，从而抑制主动脉及冠状动脉内壁粥样硬化斑块的形成，达到降压、软化血管，防治心血管疾病的目的。

● 抗氧化：有关衰老的自由基理论认为，在正常生理条件下，人体内的自由基不断产生、不断被清除，处于平衡状态。黑茶中不仅含有丰富的抗氧化物质如儿茶素类、茶色素、黄酮类、维生素C、维生素E、D和胡萝卜素等，且含有大量具抗氧化作用的微量元素如锌、锰、铜和硒等，具有清除自由基的功能，因而具有抗氧化、延缓细胞衰老的作用。

● 抗癌症：癌症是当前导致人类死亡率极高的疾病之一。20世纪70年代后期起，科学家发现茶叶或茶叶提取物对多种癌症的发生具有抑制作用。湖南农业大学采用现代药物筛选的尖端技术对黑茶进行研究，证明黑茶对肿瘤细胞具有明显的抑制作用。

● 降血压：据报道，茶叶中特有的氨基酸茶氨酸能通过活化多巴胺能神经元，起到抑制人体血压升高的作用。此外，还发现茶叶中的咖啡碱和儿茶素类能使血管壁松弛，增加血管的有效直径，通过血管舒张而使血压下降。中国楼福庆等通过研究还发现，茶色素具有显著的抗凝、促进纤溶、防止血小板黏附聚集，抑制动脉平滑肌细胞增生的作用，还能显著降低高脂动物血清中的甘油三酯、低密度脂蛋白，提高血清中高密度脂蛋白，并对ACE酶具有明显的抑制作用，具有降压效果。

● 降血糖：黑茶中的茶多糖复合物是降血糖的主要成分。茶多糖复合物通常称为茶多糖，是一类组成成分复杂且变化较大的混合物。对几种茶类的茶多糖含量测定的结果表明，黑茶的茶多糖含量最高，且其组成成分活性也比其它茶类要强。

● 杀菌消炎：黑茶汤色的主要成分是茶黄素和茶红素。茶黄素不仅是一种有效的自由基清除剂和抗氧化剂，还对肉毒芽杆菌、肠类杆菌、金黄色葡萄球菌、荚膜杆菌、蜡样芽孢杆菌、流感病毒、轮状病毒和肠病毒的侵袭感染有明显的抑制作用。

● 利尿解毒：黑茶中咖啡碱的利尿功能是通过肾促进尿液中水的滤出率来实现的。同时，咖啡碱还有助于醒酒，解除酒毒。黑茶中的茶多酚不但能使烟草中的尼古丁发生沉淀，随小便排出体外，而且还能清除烟气中的自由基，降低烟气对人体的毒害作用。对于重金属毒物，茶多酚有很强的吸附作用，因而多饮茶还可缓解重金属的毒害作用。

【活动设计】

一、活动条件

茶艺馆实训室；讲解展示所用的开水、茶具、茶叶及其他用具。

二、安全与注意事项

茶具无破损；茶叶保存方式正确，茶叶新鲜。

三、活动实施（见表1：活动实施步骤说明）

四、活动反馈（见表2：介绍黑茶功效检测表）

【知识链接】

选购、鉴别普洱茶的方法

选购普洱茶要注意四看、六不看。

所谓“四看”，即看普洱茶是否“清”“纯”“正”“气”。“清”是指味道要清，无霉味；“纯”是指汤色要纯，枣红，浓亮，不能黑如漆；“正”是指应储存于正确环境中，位于干仓，不可放置于湿仓；“气”是指品其汤，应有心旷神怡之感。

所谓“六不看”，即：

不以错误的年代为标杆。其实真正二十世纪五六十年代的茶只有到博物馆里才能见到，一般没有茶厂或茶商会将做好的茶陈放50年才拿出来卖。

不以伪造包装为依据。

不以茶色深浅为借口。

不以添加味道为导向。真正的普洱茶，其樟香、枣香等都是自然形成，不会有刺鼻味道。

不以霉气仓别为号召。

不以树龄叶种为考量。无论选购哪种茶品，都有统一的标准。

【课后作业】

邓先生一行4人到茶馆品饮黑茶，应如何根据年龄的特点进行茶艺服务？请根据任务进行实践练习，并做好流程记录。

小组		组长	
工作任务			
具体分工			
模拟流程			
活动总结 （不少于200字）			
自评			
小组评			
教师评			

表 1：活动实施步骤说明

序号	步骤	操作及说明	标准
1	准备茶样	准备几种黑茶茶样供选择。	①茶叶品种齐全。 ②茶样新鲜。
2	茶叶介绍	①介绍黑茶的历史。	①黑茶历史来源介绍正确。
		②介绍黑茶的功效与禁忌。	②介绍黑茶功效全面、到位，告知黑茶的饮用禁忌。
		③为宾客点单，选定一款黑茶。	③根据客人需求推介茶品。
			④讲解过程中用语精确易懂。

表 2：介绍黑茶功效检测表

茶艺师：　　　　　　　　　　　　　　班级：

序号	举证内容	举证标准	评判结果	
			是	否
1	选择一款黑茶	①选择一款适宜的黑茶。		
		②茶样新鲜。		
2	茶叶介绍	①语言表达精确易懂。		
		②茶样的特点表述正确。		
		③茶样的特色工艺介绍到位。		
		④茶样的功效特点介绍较突出。		
		⑤根据客人的需求，正确推介茶品。		

检查人：　　　　　　　　　　　　　　时间：

03 黑茶的冲泡器皿

【学习目标】

1. 能抽取一种器皿，描述所选茶器的特点。
2. 能根据宾客的喜好与黑茶的品质特征，选择冲泡黑茶的器皿。

【核心概念】

黑茶的冲泡器皿：不同材质的茶器有不同特性。由于紫砂壶的透气性、保温性均佳，故选用壁厚、粗犷的紫砂壶来冲泡适宜用高温来唤醒茶叶及浸出茶容物的黑茶最为合宜。

【基础知识：冲泡黑茶的器具】

冲泡黑茶的器具通常有以下三种，每种类型的器具均可以分别突显黑茶的某一种茶性。

- 紫砂壶：透气性、保温性俱佳的紫砂壶为冲泡黑茶的最佳选择。年份较长的黑茶可选用厚壁陶壶或者老铁壶煮茶，提升茶叶香气，让茶叶内对人体有益的水溶性物质如多酚类物质的咖啡因、茶色素等及其脂类物质充分浸出。
- 盖碗：盖碗风格清雅，最能反映出黑茶色彩的美，且可以自由地欣赏黑茶茶汤的色泽变化，故盖碗杯为冲泡黑茶时最常用的冲泡器皿。
- 煮茶套组：用煮茶器具进行一定时间熬煮，可使黑茶的特殊功效发挥得更淋漓尽致。

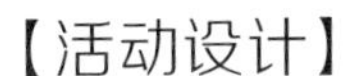

一、活动条件

茶艺馆实训室；冲泡黑茶所用的开水、茶具、茶叶及其他用具。

二、安全与注意事项

茶具无破损；茶叶新鲜；随手泡摆放在不易碰撞之处，电源线板通电安全；斟茶时，避免茶水溅落到客人身上。

三、活动实施（见表1：活动实施步骤说明）

四、活动反馈（见表2：三种器具对比冲泡检测表）

【知识链接】

茶具名窑（二）

南宋官窑：宋代五大名窑之一，为宋室南迁后设立的专烧宫廷用瓷的窑场，前期设在龙泉（今浙江龙泉大窑、金村、溪口一带），后期则设在临安郊坛下（今浙江杭州南郊乌龟山麓）。两窑烧制的器物胎、釉特征非常一致，难分彼此，均为薄胎，呈黑、灰等色；釉层丰厚，有粉青、米黄、青灰等色；釉面开片，器物口沿和底足露胎，有“紫口铁足”之称。16世纪末，龙泉青瓷在法国市场上甫出现，就轰动整个法兰西，由于一时找不到合适的语言称呼它，只得用欧洲名剧《牧羊女》中女主角雪拉同所披的青色长袍来比喻，于是“雪拉同”成为青瓷的代名词。

哥窑：宋代五大名窑之一，至今遗址尚未找到。传世的哥窑瓷器，胎有黑、深灰、浅灰、土黄等色，釉以灰青色为主，也有米黄、乳白等色，由于釉中存在大量气泡、未熔石英颗粒与钙长石结晶，所以乳浊感较强。釉面有大小纹开片，细纹色黄，粗纹黑褐色，俗称“金丝铁线”。从瓷器的釉色、纹片、造型来看，均异于宋代龙泉官窑。

建窑：在今福建建阳。始于唐代，早期烧制部分青瓷，至北宋以生产兔毫纹黑釉茶盏而闻名。兔毫纹为釉面条状结晶，有黄、白两色，称金、银兔毫；有的釉面结晶呈油滴状，称鹧鸪斑；也有少数窑变花釉，在油滴结晶周围出现蓝色光泽。这种茶盏传到日本，都以“天目碗”称之，如“曜变天目”、“油滴天目”等，现都成为日本的国宝，非常珍贵。该窑生产的黑瓷，釉不及底，胎较厚，含铁量高达10%左右，故呈黑色，有“铁胎”之称。宋代著名书法家也是茶学家的蔡襄在《茶录》中云：“茶色白，宜黑盏，建安所造者绀黑，纹如兔毫，其坯微厚，熁之，久热难冷，最为要用。出他处者，或薄或色紫，皆不及也。其青白盏，斗试家自不用。”可见，宋代盛斗茶之风，又视建窑所产茶碗为最佳之器。

【课后作业】

以小组为单位，选一款黑茶，用不同茶具盖碗、玻璃杯进行对比冲泡，并完成下表。

茶品	茶具类型	冲泡要素	第一次	第二次	第三次
	盖碗	投茶量			
		水温			
		注水位置			
		出汤时间			
		冲泡次数			
	玻璃杯	投茶量			
		水温			
		注水位置			
		出汤时间			
		冲泡次数			
对比小结(200字以上)					

实验茶艺师：　　时间：　　评定等级：　　评分者：

表1：活动实施步骤说明

序号	步骤	操作及说明	标准
1	选择茶具	准备紫砂壶、白瓷盖碗、玻璃壶	①容量一致：150毫升。 ②茶具干净。
2	准备茶叶	准备10克普洱熟茶。	①普洱熟茶保存完好。 ②重量10克。
3	冲泡	①水温100摄氏度以上。	①水温100摄氏度以上。
		②水柱落点位统一在8点钟方向。	②水柱落点位统一在8点钟方向。
		③出汤时间：第一泡15秒，后逐次加30秒。	③出汤时间：第一泡15秒，后逐次加30秒。
		④对比第二泡茶汤。	④对比第二泡茶汤。
4	对比结论	①对比汤色。 ②对比香味。 ③对比滋味。	①结论描述清楚。 ②语言简练。

表 2：三种器具对比冲泡检测表

茶艺师：　　　　　　　　　　　　　　　　　　班级：

序号	举证内容	举证标准	评判结果	
			是	否
1	准备茶具	①三者容量一致：150毫升。		
		②茶具干净。		
2	准备茶叶	①普洱熟茶保存完好。		
		②重量10克。		
3	冲泡	①水温100摄氏度以上。		
		②水柱落点位统一在8点钟方向。		
		③出汤时间是15秒，第二泡开始逐次增加30秒。		
		④对比第二泡茶汤。		
4	对比结论	①结论描述清楚。		
		②语言简练。		

检查人：　　　　　　　　　　　　　　　　　　时间：

04 冲泡黑茶

【学习目标】

1. 抽取一款黑茶，能专业地描述冲泡黑茶的流程。
2. 能掌握茶叶冲泡的专业知识，为宾客冲泡一壶黑茶。

【核心概念】

黑茶冲泡：冲泡是茶艺要素中最关键的环节，茶叶的最佳状态能否被完整表现，与冲泡的技艺掌握程度的高低，及对茶叶品质特性的熟悉程度有很大关系。

【基础知识：黑茶冲泡技巧】

黑茶属于后发酵茶，一般可用紫砂壶、盖碗、瓷壶来冲泡或煮制。冲泡黑茶时，根据其特性，新茶和散茶首选盖碗，老茶和紧压茶宜选用紫砂壶。当然这也可在和宾客交流后决定。如果决定以盖碗作为主泡器品饮黑茶，茶艺师在冲泡中需要掌握好以下技巧。

- 黑茶的选择：黑茶的一般形态有三种，即砖茶、饼茶、散茶。取用不同形态的黑茶，需分别注意以下内容；

千两茶取茶：未开封的千两茶，外面用竹篾片捆压勒紧箍实，里面包着防水防潮的蓼叶和棕叶。要拆开这样包装好的千两茶，需把千两茶放平，然后用刀具把竹篾片劈开，撕去棕叶，剥开紧贴于茶胎的蓼叶，再用锯子把千两茶茶胎锯成茶饼，安放于茶盘，用茶刀或茶针顺着茶叶纹路撬取茶叶冲泡。

砖茶、饼茶取茶：砖茶和饼茶的茶身较紧，不可用蛮力敲开，应用茶刀沿茶的边缘对准茶叶纹路进行取茶。操作时需小心，勿伤及手指，茶刀使用完毕后即拧紧放回。

颗粒茶取茶：颗粒装的黑茶已经切取好，从包装中取出即可使用。

● 水温：由于黑茶较老，泡茶时需用100摄氏度以上的沸水，才能将茶味完全泡出。为保持和提高水温，可在冲泡前用开水烫热茶具。如果是用紫砂壶冲泡，可于冲泡后往壶身上淋浇开水。少数民族饮用的紧压茶，则要求水温更高，最好将砖茶敲碎熬煮，以便将黑茶中的芳香物质挥发出来。如果水温不到"位"，就无法泡出一杯芳香可口的黑茶。

● 投茶量：黑茶的用量可根据宾客喜好的口感，取下10克左右放入冲泡茶具内。

● 醒茶：刚从竹筐、竹壳中拆出来的老茶，往往味道沉闷、香气涣散，很难展现老茶深沉饱满的韵味。要想品饮到口感上佳的陈年黑茶（尤其是5年以上的黑茶），"醒茶"很重要：第一次冲泡出的茶水一般不喝，因为还没有彻底唤醒茶叶，第二次醒茶才能使茶叶恢复活性，通常从第三次冲泡后方才进行品饮。醒茶时间的长短，要视茶叶的紧压程度和茶叶条索的粗老情况来确定。一般来说，茶叶紧压程度越高，条索越粗老，则需醒茶的时间越长。

● 注水位置：注水时应沿杯壁低斟回旋，不对冲茶叶，也可定点温柔注水，同时注意不要搅拌黑茶或压紧黑茶茶叶，否则会使茶水浑浊。如果是冲泡普洱茶，则一般采用定点冲泡法。即用盖碗冲泡，用紫砂壶作公道杯。因普洱茶为陈茶，在高温宽壶的盖碗内，经滚沸的开水高温消毒、洗茶，其表层的不洁物和异味被洗去后，就能充分释放出普洱茶的真味。而用紫砂壶作公道壶，可去异味，聚香含淑，使韵味不散，得其真香真味。

● 出汤时间：醒茶后第三泡一般约2分钟左右，随着冲泡次数的增加，冲泡时间应适当延长，逐次增加15~30秒的冲泡时间，这样前后茶汤浓度才比较均匀。

● 冲泡次数：黑茶比较耐泡，冲泡次数一般控制在10次以上，有的还可以冲泡20次，如陈年生普。

● 引导品饮：茶艺师奉茶。由于黑茶用料相对粗、老，故其饮用方法和方式相对粗放，但由于黑茶经过后期发酵，其鲜爽度远无法和绿茶相比，且黑茶不纤秀，故对习惯于追求精致生活的人来说，需由茶艺师引导，方能静下心来体验和回味黑茶的精气神。

盖碗冲泡黑茶，其具体流程如下：

● 温杯：泡茶前先将沸水注入盖碗或茶壶，一来有清洁茶具之效能，二来能提高茶具之温度，令其完全发挥出茶叶之色、香、味。

● 置茶：把撬好的黑茶置入盖碗中，再用手轻拍碗身，令茶叶摆放得平均。

● 醒茶：由于黑茶在生产过程中，可能有夹杂物如茶灰、尘埃，经注入沸水即倒掉，即可去除。所以第一泡也称为洗茶，建议把第一泡的茶水直接倒掉。

● 注水：注水入盖碗时可高冲，使茶叶滚动。注水时切忌太快速，以致茶叶冲出壶外。注入沸水后，高温会令盖碗表层产生泡沫，可用碗盖轻轻抹去。

- 出茶：出茶时可先倒入茶海，再倒入饮杯，使茶汤更均匀。
- 奉茶：将茶奉给宾客。
- 收具：收拾好茶具，感谢宾客。

【活动设计】

一、活动条件

茶艺馆实训室；冲泡所用的开水、茶具、茶叶及其他用具。

二、安全与注意事项

茶具无破损；茶叶新鲜；随手泡摆放在不易碰撞之处，电源线板通电安全；斟茶时，避免茶水溅落到客人身上。

三、活动实施（见表1：活动实施步骤说明）

四、活动反馈（见表2：黑茶冲泡评分表）

【知识链接】

用煮茶器熬煮千两茶

根据千两茶的特殊茶性，煮茶可以提升其香气，并让茶叶内对人体有益的水溶性物质（如多酚类物质的咖啡因、茶色素等）及其脂类物质充分浸出。使用传统的煮饮方法，可尝到千两茶的经典滋味：稠糯顺滑，融合了特有的松烟香、梅子和蜜枣的果甜香。煮茶步骤如下：

- 备茶具：煮茶器，厚壁陶壶，土陶杯，玻璃公道杯等。煮饮时的品茗杯一般用土陶杯，不仅能衬映黑茶的汤色，也能增加汤的厚度。
- 取茶：用铁钎、铁锤等工具取茶，取千两茶时要小心，不要伤及手指。
- 投茶：将千两茶投入壶中，茶叶与水的比例为1:50，即1升水的壶，按注水2/3满来算，投茶量为15克。
- 注水：将2/3满的沸水注入壶中。
- 出汤时间：用大火煮沸一分钟，再用小火煮3分钟出汤。
- 出水分茶：每次从壶中出汤不必出尽，出汤后再依客人喜欢的口感进行补水，可以一边品饮，一边以小火继续温煮。
- 熬煮次数：千两茶通常煮3～5次水，每次时间相应延长。
- 引导品饮：引导客人品饮茶汤，感受别具风味的千两茶口感。

【课后作业】

选用茶具紫砂壶、煮茶套组对安化黑茶、云南普洱、广西六堡茶、茯砖进行对比冲泡，深入了解黑茶的特点。

茶叶	外形	色泽	滋味	汤色
	冲泡要素	第一次	第二次	第三次
	投茶量			
	水温			
	注水位置			
	出汤时间			
	冲泡次数			
小结（200字以上）	（结合茶汤的滋味、汤色、香味进行总结）			

实验茶艺师：　　　　　时间：　　　　　评定等级：　　　　　评分者：

表1：活动实施步骤说明

序号	步骤	操作及说明	标准
1	茶乐配置	根据主题配置音乐。	①具有较好的烘托气氛效果。
			②具有较强艺术感染力。
2	茶叶介绍	①介绍茶叶。	①对茶叶功能掌握全面，介绍细致。
		②用得体的语言介绍茶叶。	②语言得体，讲解口齿清晰。
3	选择茶具	①布置茶桌。	①茶桌布置符合标准。
		②选用紫砂壶及配套茶具。	②茶具配套完整，清洁干净。
4	确定投茶量	根据紫砂壶的大小确定茶叶的重量，注意茶针的使用安全。	①使用电子秤称量茶量。
			②茶叶重10克。
5	确定水温	根据黑茶品质，确定冲泡水温。	使用温度计看水温。100摄氏度以上。
6	注水位置	①提起随手泡。	①落点在8点钟方向。螺旋形注水。
		②环形定点冲泡。	②水柱低粗。
7	出汤时间	①水量刚好满出紫砂壶。	①第一泡15秒（醒茶）。
		②刮茶沫，盖壶盖，淋壶去沫加温。	②第二泡45秒。
		③心中默数1秒一下，或用计时器辅助练习。	③第三泡1分15秒。
			④第四泡1分45秒。
8	冲泡次数	冲泡4次。	冲泡4次。
9	引导品饮	①向宾客介绍茶汤。	①引导客人欣赏展开的茶叶形状。
		②微笑示范饮茶方式。	②引导客人品饮黑茶的滋味。

表2：黑茶冲泡评分表

茶艺师：　　　　　　　　　　　　　　　　班级：

序号	举证内容	举证标准	评判结果	
			是	否
1	茶乐配置	根据主题配置音乐，具有较强艺术感染力。		
2	茶叶介绍	①对所用茶叶功能掌握全面，介绍细致。		
		②语言得体，讲解口齿清晰。		
3	茶具的选择	①茶桌布置符合标准。		
		②茶具配套完整，清洁干净。		
		③茶具之间功能协调、质地、形状、色彩调和。		
4	水温	①使用温度计看水温。		
		②水温100摄氏度以上。		
5	投茶量	①使用电子秤称量茶量。		
		②茶叶重8～10克。		
6	醒茶	要醒茶（15秒）。		
7	注水方式	①螺旋形注水。		
		②水柱低粗。		
8	出汤时间	第一泡15秒，以每次加30秒的时间进行冲泡。		
9	冲泡次数	冲泡4次以上。		
10	引导品饮	①引导客人闻茶香。		
		②引导客人品饮黑茶的滋味。		

检查人：　　　　　　　　　　　　　　　　时间：

01 花茶的品种与品质特征

【学习目标】

1. 能描述花茶的品种。
2. 能为宾客介绍花茶的品质特征。

【核心概念】

花茶：一种窨制茶，即利用茶叶能吸收异味的特点，以绿茶、红茶或者乌龙茶作为茶坯，把鲜花和茶叶一起闷，让茶叶充分吸收香味后，再把干花筛除所制成的茶叶。花茶属于再加工茶类。

【基础知识：认识花茶】

花茶是一种窨制茶，即利用茶叶能吸收异味的特点，以绿茶、红茶或者乌龙茶作为茶坯，把鲜花和茶一起闷，让茶叶充分吸收香味后，再把干花筛除制成的茶叶，属于再加工茶类。根据其所用香花品种的不同，分为茉莉花茶、玉兰花茶、桂花花茶、珠兰花茶等，其中以茉莉花茶产量最大。花茶又可细分为花草茶和花果茶。饮用叶或花的称之为花草茶，如荷叶、甜菊叶。饮用其果实的称之为花果茶，如：无花果、柠檬、山楂、罗汉果。总体来说，花茶气味芬芳，茶汤色深，且具有养生疗效。

花茶（以花草茶为主）外形条索紧结匀整，色泽黄绿尚润；内质香气鲜灵浓郁，具有明显的鲜花香气，汤色浅黄明亮，叶底细嫩匀亮。较有名的花茶有茉莉花茶、玫瑰花茶等。（见第VII页图）

茉莉花茶：主产于福建省福州市及闽东北地区，它选用优质的烘青绿茶，用茉莉花窨制而成。福建茉莉花茶的外形秀美，毫峰显露，香气浓郁，鲜灵持久，泡饮鲜醇爽口，汤色黄绿明亮，叶底匀嫩晶绿，经久耐泡。在福建茉莉花茶中，最为高档的要数茉莉大白毫，它采用多茸毛的茶树品种作为原料，使成品茶白毛覆盖。

玫瑰花茶：由茶叶和玫瑰鲜花窨制而成。玫瑰花茶所采用的茶坯有红茶、绿茶，用玫瑰花窨制而成。其中半开放的玫瑰花，品质最佳。除玫瑰外，蔷薇、桂花和现代月季也具有甜美、浓郁的花香，也可用来窨制花茶。成品茶甜香扑鼻、香气浓郁、滋味甘美。

【活动设计】

一、活动条件

茶艺馆实训室；冲泡所用的开水、茶具、茶叶及其他用具。

二、安全与注意事项

茶具无破损；茶叶新鲜。

三、活动实施（见表1：活动实施步骤说明）

四、活动反馈（见表2：辨识茉莉花茶等级检测表）

【知识链接】

花茶的制作工艺与鉴别

花茶的一般制作工艺为：茶坯与鲜花处理、窨花拼和、起花、复火、提花。其中，窨花拼和及通花散热（即上述起花、复火、提花的过程）尤为重要。

窨花拼和是整个花茶窨制过程的重点工序，目的是将鲜花和茶拌和在一起，让鲜花吐香直接被茶叶吸收。窨花拼和要掌握好六个因素：配花量、花开放度、温度、水分、厚度、时间。

通花散热主要有三个目的：一是散热降温；二是通气给氧，促进鲜花恢复生机，继续吐香；三是散发堆中的二氧化碳和其他气体。通花散热的时间根据窨品堆温、水分和香花的生机状态来掌握，头窨一般为5～6小时，此后逐窨次缩短半小时。收堆时间主要根据堆温决定，只要堆温下降到要求的温度即可收堆。“通花散热”就是把在窨的茶堆扒开摊凉，从堆高30～40厘米，扒开薄摊堆高至约10厘米。每隔15分钟再翻拌一次，让茶堆充分散热，约1小时左右堆温达到要求时，就收堆复窨（堆高约30～40厘米），再经5～6小时，茶堆温度又上升到40摄氏度左右，此时花已成萎凋状，色泽由白转微黄，嗅不到鲜香，即可起花。

要选购茉莉花茶，要掌握一些相关的鉴别方法。首先要观形。选购茉莉花茶，最直观的莫过于“看”了。以福建花茶为例：条形长而饱满、白毫多、无叶者为上品，次之为一芽一叶、

二叶或嫩芽多，芽毫显露。其次须闻香。好的花茶，其茶叶之中散发出的香气应浓而不冲、香而持久，清香扑鼻，闻之无丝毫异味。最后是饮汤。通过冲泡，能使茉莉花茶的品质得以充分展示。观其汤色、闻其香气、品其滋味，方能知其品质。以香气浓郁、口感柔和、不苦不涩、无异味者，为最佳。

【课后作业】

分小组收集茉莉花茶的历史故事、特点。

小组		组长	
工作任务			
具体分工			
模拟流程			
活动总结（不少于200字）			
自评			
小组评			
教师评			

表 1：活动实施步骤说明

序号	步骤	操作及说明	标准
1	准备茉莉花茶	①准备三款茉莉花茶。	①准备茉莉花茶的三个等级。
		②分别放在白色的茶荷里。	②茶荷干净。
2	辨识茉莉花茶的等级	根据茉莉花茶的外形及香味，说出茉莉花茶的等级。	根据茉莉花茶的外形及香味，确定茉莉花茶的等级。

表 2：辨识茉莉花茶等级检测表

茶艺师：　　　　　　　　　　班级：

序号	举证内容	举证标准	评判结果	
			是	否
1	准备工作	①三款茉莉花茶。		
		②茶荷干净。		
2	辨识茉莉花茶	根据外形特征说出等级。		

检查人：　　　　　　　　　　时间：

02 花茶的传说与功效

【学习目标】

1. 能描述茉莉花茶的传说。
2. 能为宾客介绍花茶的功效。

【核心概念】

花茶的功效：具有提神醒脑、消除疲劳、消食化滞等功效。对脾胃最有好处，举凡消化不良、食欲不振、懒动肥胖等病症，都可饮而化之。

【基础知识：花茶的传说与功效】

据说茉莉花茶是很早以前北京茶商陈古秋所创制，其创制过程还有个小故事。有一年冬天，陈古秋邀来一位品茶大师，研究北方人喜欢喝什么茶，正在品茶评论之时，陈古秋忽然想起有位南方姑娘曾送给他一包茶叶未品尝过，便寻出那包茶。冲泡后，碗盖一打开，先是异香扑鼻，接着在冉冉升起的热气中，看见一位美貌姑娘双手捧着一束茉莉花，一会功夫又变成一团热气。陈古秋深感奇异。大师笑说："陈老弟，你做下好事啦，这乃茶中绝品'报恩仙'，过去只听说过，今日才得亲见。"陈古秋就讲述了三年前去南方购茶住客店遇见一位孤苦伶仃少女的经历。当时那少女家中停放着父亲的尸身无钱殡葬，陈古秋深为同情，便取了一些银子并请邻居助她葬父。今春再去南方，客店老板转交给他这一小包茶叶，说是三年前那位少女交送的。孰料珍贵如此。大师说："这茶是珍品，是绝品，制这种茶要耗尽人的精力，这姑娘可能你再也见不到了。"两人感叹一会，大师忽然说："为什么她独独捧着茉莉花呢？"两人又重复冲泡了一遍，那手捧茉莉花的姑娘又再次出现。陈古秋一边品茶一边悟道："依我之见，这是茶仙提示，茉莉花可以入茶。"次年便将茉莉花加到茶中，果然制出了芬芳诱人的茉莉花茶，深受北方人喜爱，茉莉花茶这一新品种就此诞生。

对于女性来说，常喝花茶不仅可美容养颜、净白皮肤、抵抗衰老，还能疏通人体肠胃，排宿便、顺气清脑、降低血压和血脂，同时具有抵抗细菌和病毒、治疗癌症的巨大作用和功效。茶叶中的咖啡碱可刺激中枢神经系统，起到驱除瞌睡、消除疲劳、增进活力、集中思维的作用；茶多酚、茶色素等成分除能抗菌、抑病毒外，还有抗癌、抗突变功效。

具体说来，花草茶的功效与作用有以下五点：

1. 常喝花茶可保护人体心、肝、脾、肺、肾五脏，针对五脏进行食补养护。
2. 常喝花茶对于慢性肝炎和肠道疾病有着防治功效。
3. 常喝花茶可平肝降压，对高血压、身体浮肿有效果。
4. 常喝花茶可降血脂，增加冠状动脉血流量，增加心肌供血，抗动脉粥样硬化等。
5. 常喝花茶能预防心血管病，对改善高血压、心肌梗死等症状有很大益处。

【活动设计】

一、活动条件

茶艺馆实训室；冲泡所用的开水、茶具、茶叶及其他用具。

二、安全与注意事项

茶具无破损；茶叶新鲜。

三、活动实施（见表1：活动实施步骤说明）

四、活动反馈（见表2：介绍花茶功效检测表）

【知识链接】

品饮茉莉花茶的禁忌

茉莉花茶是一种可"理气开郁、辟秽和中"的健康饮品，但并非人人都适宜饮用：

体质不好者不能经常饮用，例如肠胃堵塞的人，因茉莉花中所含某些物质会破坏胃粘膜；

神经衰弱、压力大而经常失眠的人不要经常饮用，尤其是晚上入睡前忌饮用，因为其中所含咖啡因有提神醒脑之效，易令大脑处于兴奋状态，更不易入睡。

体虚贫血者勿经常饮用，因花茶中有一些元素含量较高，会阻碍人体对铁元素的吸收。

重疾患者不适宜饮用，因其容易造成患者身体发虚发凉，不利于病症的治疗。

【课后作业】

选择茉莉花茶进行冲泡，深入了解花茶的特点。

茶叶	外形	色泽	滋味	汤色
	冲泡要素	第一次	第二次	第三次
	投茶量			
	水温			
	注水位置			
	出汤时间			
	冲泡次数			
小结（200字以上）	（结合茶汤的滋味、汤色、香味进行总结）			

实验茶艺师：　　　　　　时间：　　　　　　评定等级：　　　　　　评分者：

表 1：活动实施步骤说明

序号	步骤	操作及说明	标准
1	准备茶样	选择一款花茶。	①一款花茶。
			②茶样新鲜。
2	根据茶样介绍功效	①介绍茶样的特点。	①语言表达精确。
			②茶样的特点表述正确。
		②根据茶样的工艺特点介绍功效。	③茶样的特色工艺介绍到位。
			④茶样的功效特点介绍较突出。

表 2：介绍花茶功效检测表

茶艺师：　　　　　　　　　　班级：

序号	举证内容	举证标准	评判结果	
			是	否
1	选择一款花茶	①一款花茶。		
		②茶样新鲜。		
2	介绍茶样特点	①语言表达精确。		
		②茶样的特点表述正确。		
3	介绍茶样功效	①茶样的特色工艺介绍到位。		
		②茶样的功效特点介绍较突出。		

检查人：　　　　　　　　　　时间：

第七节
花茶冲泡

03 花茶的冲泡器皿

【学习目标】

1. 能描述所选茶器的特点。
2. 能根据花茶的品质特征，选择冲泡花茶的器皿。

【核心概念】

玻璃杯：通常以高硼硅玻璃为原材料，再经过600多摄氏度的高温烧制而成，是新型的环保型茶杯。

【基础知识：冲泡花茶的器具】

花茶属于以绿茶为茶坯的再加工类茶。选择冲泡花茶的茶器，可以根据绿茶冲泡的方式来进行。因此，为了凸显花茶的特点，可以选用以下器皿：

- 玻璃杯：可以欣赏花茶舞，同时能让花茶的芬芳尽显无遗。
- 盖碗：选用盖碗冲泡花茶是自古以来便有的。特别是在民国时期，多数用盖碗茶的形式直接品饮花茶，这样更能衬托出茶汤的清澈和茶的鲜绿，彰显花香。
- 大瓷壶：大瓷壶冲泡花茶，主要在于方便快速。

【活动设计】

一、活动条件

茶艺馆实训室；冲泡所用的开水、茶具、茶叶及其他用具。

二、安全与注意事项

茶具无破损；茶叶新鲜；随手泡摆放在不易碰撞之处，电源线板通电安全；斟茶时，避免茶水溅落到客人身上。

四、活动实施（见表1：活动实施步骤说明）

五、活动反馈（见表2：三种器具对比冲泡检测表）

【知识链接】

紫砂壶的养壶方法

紫砂壶是喝茶人的珍宝，一把壶第一次被开始使用，称为“开壶”。一把新出窑的紫砂壶是没有太多光泽的，看上去黯淡无光，也不能直接用来泡茶，所以新壶首先需要“开壶”。其方法如下：

①壶与壶盖应分开放置在盛满水的干净容器中。容器要足够大，蓄水时，要能盖没整个壶。

②容器中同时放入一些茶叶（此壶主泡的茶叶），放在小火上慢慢煮开，小心看护，防止壶与壶盖或容器壁互相撞击而造成破损。

③慢煮约1小时后，移去火源，让壶仍静置在有水覆盖的容器中，任其冷却，放置1天。

④次日，取出壶，倒去留在壶内的泥沙，用热水小心淋壶洗涤。重复步骤①～③一次。

⑤次日，取出壶，用热水小心淋壶洗涤。

经上述步骤后，壶中的气孔均已打开，即可正常使用。

但要使紫砂壶表现出真正的个性，日常使用中，还要辅以正确的养壶方法：

①彻底洗净壶内外。无论是新壶还是旧壶，养之前要把壶身上的蜡、油、污、茶垢等清除干净。紫砂壶最忌油污，沾上后必须马上清洗，否则土胎吸收不到茶水，会留下油痕。

②泡茶。泡茶次数越多，壶吸收的茶汁就越多，土胎吸收到某一程度，就会透到壶表，散发出润泽如玉的光芒。

③擦与刷要适度。壶表淋到茶汁后，可用软毛小刷子轻轻刷洗壶中积茶，用开水冲净，再用清洁的茶巾稍加擦拭即可，切忌不断地搓。

④使用后清理晾干。泡茶完毕，要将茶渣清除干净，以免产生异味。浸泡一段时间后，茶壶需要休息，令土胎自然彻底地干燥，以便下次使用时吸收。

【课后作业】

以小组为单位，选用茶具盖碗、玻璃杯进行荔枝红茶的对比冲泡，并完成以下表格。

茶品	茶具类型	冲泡要素	第一次	第二次	第三次
	盖碗	投茶量			
		水温			
		注水位置			
		出汤时间			
		冲泡次数			
	玻璃杯	投茶量			
		水温			
		注水位置			
		出汤时间			
		冲泡次数			
对比小结（200字以上）					

实验茶艺师：　　　　　时间：　　　　　评定等级：　　　　　评分者：

表1：活动实施步骤说明

序号	步骤	操作及说明	标准
1	选择茶具	准备白瓷盖碗、玻璃杯。	①容量一致：150毫升。
			②茶具干净。
2	准备茶叶	准备5克茉莉花茶。	①茉莉花茶新鲜。
			②重量5克。
3	冲泡	①水温95摄氏度。	①水温95摄氏度。
		②水柱落点位统一在4点钟方向。	②水柱落点位统一在4点钟方向。
		③出汤时间是5秒。	③出汤时间是5秒。
		④对比第二泡茶汤。	④对比第二泡茶汤。
4	对比结论	①对比汤色。	①结论描述清楚。
		②对比香味。	
		③对比滋味。	②语言简练。

表 2：三种器具对比冲泡检测表

茶艺师：　　　　　　　　　　　　　　　　班级：

序号	举证内容	举证标准	评判结果	
			是	否
1	准备茶具	①三种器具容量一致：150毫升。		
		②茶具干净。		
2	准备茶叶	①茉莉花茶新鲜。		
		②重量5克。		
3	冲泡	①水温95摄氏度。		
		②水柱落点位统一在4点钟方向。		
		③出汤时间是第一泡5秒。其后以3秒的时间递加。		
		④对比第二泡茶汤。		
4	对比结论	①结论描述清楚。		
		②语言简练。		

检查人：　　　　　　　　　　　　　　　　时间：

第七节
花茶冲泡

04 冲泡花茶

【学习目标】

1. 能描述冲泡花茶的流程。
2. 运用茶叶冲泡的五要素知识，为宾客冲泡一壶花茶。

【核心概念】

冲泡花茶的水温：花茶一般以烘青绿茶为基茶，因此冲泡时选用的水温一般控制在95摄氏度左右即可。

【基础知识：花茶冲泡技巧】

选用盖碗冲泡花茶，茶艺师需要掌握好以下技巧。

- 水温：冲泡花茶一般用高温水，即90摄氏度以上。对于细嫩的花茶，可以用中温水，以免茶叶被烫坏。
- 投茶量：根据人数以及花茶的特点，其用量在4～6克。也就是说，茶叶与水之间的比例是1∶45或30之间。
- 醒茶：花茶属于再加工茶类，因此需要醒茶。
- 注水位置：品饮花茶一般品其香味，故宜采用螺旋旋转高冲的方式来冲泡茶叶。高冲需提高随手泡，水自高点下注，落点在4点钟方向。以螺旋形注水，这样的水线令盖碗的边缘部分以及面上的茶都能直接接触到注入的水，其溶合度在注水的第一时间增加，并使花茶在盖碗内翻滚、散开，以更充分泡出茶味。
- 出汤时间：因注水位置的选定，茶汤滋味有了变化。茶艺师出汤时间定为第一泡5秒，第二泡8秒，以此类推，逐渐以加3秒的时间来出汤。

- 冲泡次数：茉莉花茶冲泡次数一般控制在5～8次，8次后其营养成分已经完全溶解出来，滋味随之变淡，香味也随之减弱。
- 引导品饮：茶艺师奉茶。茉莉花茶的品饮重在品饮其香味，欣赏茶叶的嫩度。

以下为盖碗花茶茶艺表演程式。（见第XIII页图）

茶具：茶船、盖碗、茶具组、废水皿、储茶器、茶荷、茶巾、铜壶

茶叶：茉莉花茶

具体表演程式如下：

步骤1：恭请上座

茶艺师以伸手礼请客人入座。

服务标准：伸手礼正确；微笑甜美。

步骤2：烫具净心

①茶艺师提起茶壶，左手掀开碗盖，右手将水柔和地冲入碗中。

②左手揭盖，右手持碗，旋转手腕洗涤盖碗。

③冲洗杯盖，滴水入碗托；左手加盖于碗上，右手持碗，左手将碗托中的水倒入废水皿。

④用茶巾擦干碗盖残水。

⑤左手将“三才”盖打开斜搁置碗托上。

服务标准：

①冲水时，水量为盖碗的1/3。

②水不外溢。

③碗盖干爽。

步骤3：芳丛探花

用茶则将茉莉花茶从储茶器中取出，置于茶荷内，供客人评赏。

服务标准：手持茶荷的高度适当。

步骤4：群芳入宫

用茶针均匀地将茉莉花茶投入盖碗中，分量为3克左右。

服务标准：投茶量约铺满盖碗。

步骤5：芳心初展

①右手提壶，左手持盖，按照从左到右的顺序，将水冲入碗中，水量为盖碗的1/3。

②盖好碗盖。

③再将茶汤倒入废水皿中。

服务标准：操作顺畅，水不外溢。

步骤6：飞泉溅珠

茶艺师右手提壶冲水，使溅起的水珠像珍珠般晶莹。

服务标准：水量应为盖碗的七分满。

步骤7：温润心扉

双手托起盖碗，置于胸前，按顺时针方向旋转一圈。

服务标准：拿起盖碗的高度合适。

步骤8：敬奉香茗

将盖碗双手奉起，递给宾客品饮。

服务标准：应双手递出盖碗。

步骤9：一啜鲜爽

①右手托碗底，左手从前往后，沿着碗边划开。

②小口品啜茉莉花茶，体味芬芳的茉莉清香。

服务标准：茶艺师应该表现出享受的状态。

步骤10：返盏归元

将茶具收回，意在周而复始，期待下次的相聚。

服务标准：

①客人离座后，茶艺师收拾茶台。

②茶具清洗干净，归位。

【活动设计】

一、活动条件

茶艺馆实训室；冲泡所用的开水、茶具、茶叶及其他用具。

二、安全与注意事项

茶具无破损；茶叶新鲜；随手泡摆放在不易碰撞之处，电源线板通电安全；斟茶时，避免茶水溅落到客人身上。

三、活动实施（见表1：活动实施步骤说明）

四、活动反馈（见表2：茉莉花茶冲泡技法评分表；表3：茉莉花茶冲泡流程评价表）

【知识链接】

认识工艺花茶

工艺花茶是选用上等的白毫银针茶，以及金盏花、康乃馨、黄菊、茉莉花、百合花等脱水鲜花为原料，用独特的手工艺与现代技术相结合精制而成。工艺花茶的干茶形如一颗含苞待放的花蕾，一旦泡开，花苞在水中自由地舒展绽放，显得格外美丽多姿。其滋味即具备白毫银针的特点，又拥有鲜花的独特香味，是一款将茶与花的色、香、味、形融于一体的再加工类花茶。

较常见的工艺花茶品种有30多个，如茉莉雪莲、富贵并蒂莲、丹桂飘香、仙女散花等。

冲泡工艺花茶要准备以下茶具：茶船，随手泡，茶具组，茶盘，西式高脚玻璃杯三个，茶荷一个，茶巾一块。其主泡器一般选择高度15厘米、杯口直径8～10厘米的西式高脚杯，也可选择易于花朵舒展的腹鼓口大的玻璃杯。

工艺花茶的冲泡一般遵循以下步骤：

①布置茶桌。按规定的位置，将茶具依次摆在茶台上。

②赏茶。茶艺师将放置在茶荷里的工艺花茶递给宾客欣赏。

③温杯。用定点旋转的手法提升高脚玻璃杯的温度。

④置茶。茶艺师右手拿茶夹，左手扶茶荷，把工艺花茶夹起后，轻放入玻璃杯中。

⑤润茶。茶艺师右手提随手泡，用高温水回旋注入茶荷中，至没过茶叶。请宾客欣赏。

⑥冲泡。茶艺师在4点钟方向注水提升，利用水的冲力调整工艺花茶的平衡，使其在水中充分舒展，直至水至玻璃杯的七八分满。

⑦奉茶。当工艺花茶充分展开后，茶艺师将泡好的茶放入茶盘中，端起茶盘，走向宾客，按中、左、右的次序依次奉茶。

⑧收具。茶艺师在宾客品饮完花茶后，主动收回奉出的茶具并清洁。

由于工艺花茶属品赏俱佳的茶品，在冲泡过程中，茶艺师还可与插花、书画、剪纸等手工艺术一起展示，以达到美化茶事、雅化生活的目的。

【课后作业】

对君山银针、蒙顶黄芽进行对比冲泡，深入了解黄茶的特点。

茶叶	外形	色泽	滋味	汤色
	冲泡要素	第一次	第二次	第三次
	投茶量			
	水温			
	注水位置			
	出汤时间			
	冲泡次数			
小结（200字以上）	（结合茶汤的滋味、汤色、香味进行总结）			

实验茶艺师： **时间：** **评定等级：** **评分者：**

表 1：活动实施步骤说明

序号	步骤	操作及说明	标准
1	选择茶具	①布置茶桌。	①茶桌布置符合标准。
		②选用盖碗及配套茶具。	②茶具配套完整，清洁干净。
2	确定投茶量	根据盖碗的大小确定茶叶的重量。	①使用电子秤称量茶量。
			②茶叶重5克。
3	确定水温	根据花茶的品质，确定冲泡的水温。	①使用温度计看水温。
			②水温90摄氏度以上。
4	选择注水位置	①提起随手泡。	①落点在4点钟方向。
		②环形定点冲泡。	②螺旋形注水。水柱粗细适当。
5	出汤时间	①水量达到盖碗的8分满。	①第一泡5秒。
		②盖好碗盖。	②第二泡8秒。
		③心中默数，约1秒一下。	③第三泡11秒。
6	冲泡次数	冲泡3次。	冲泡3次。
7	引导品饮	①向宾客介绍茶汤。	①引导客人欣赏展开的茶叶形状。
		②微笑示范饮茶方式。	②引导客人品饮白茶的功效。

表2：茉莉花茶冲泡技法评分表

茶艺师： **班级：**

序号	举证内容	举证标准	评判结果	
			是	否
1	茶具的选择	①茶桌布置符合标准。		
		②茶具配套完整，清洁干净。		
2	水温	使用温度计看水温。水温90摄氏度以上。		
3	投茶量	①使用电子秤称量茶量。		
		②茶叶重5克。		
4	醒茶	需醒茶。		
5	注水位置	①落点在4点钟方向。		
		②螺旋形注水。水柱粗细适当。		
6	出汤时间	第一泡5秒，以每次加3秒的时间进行冲泡。		
7	冲泡次数	冲泡3次以上。		
8	引导品饮	①引导客人欣赏冲泡后展开的茶叶形状。		
		②引导客人品饮茉莉花茶的滋味。		

检查人： **时间：**

表3：茉莉花茶冲泡流程评价表

茶艺师： **班级：**

序号	测试内容	测评标准	评价结果	
			是	否
1	姿态	①伸手礼正确。		
		②微笑甜美。		
2	温具	①冲水时，水量为盖碗的1/3。水不外溢。		
		②碗盖干爽。		
3	赏茶	手持茶荷的高度适当。		
4	投茶	投茶手法正确。		
5	洗茶	①操作顺畅，水不外溢。		
		②水量应为盖碗的七分满。		
6	润茶	拿起盖碗的高度合适。		
7	奉茶示饮	双手奉上盖碗。茶艺师应表现出享受的状态与表情。		
8	收具	①等客人离座后，茶艺师收拾茶台。		
		②茶具清洗干净，并归位。		

检查人： **时间：**

01 柑普茶的品质特征与功效

【学习目标】

1. 能描述柑普茶的品质特征、功效。
2. 能选择适宜的茶具冲泡柑普茶。

【核心概念】

调饮茶：调饮茶是人们在生活中，根据喝茶的习惯，把茶叶的特性与相关花草茶的特点搭配起来进行品饮的生活方式。

【基础知识：认识柑普茶】

本章将以广东独特的调饮茶——柑普茶为例，讲述调饮茶的茶性、功效与冲泡方法。

新会柑普茶选用新会大红柑和云南普洱茶叶为原料制作而成。柑普茶的滋味有个独特的地方，就是入口甘醇、香甜，柑皮香和普洱的陈香完美融合。这是由于新会柑的果香味特别，普洱茶叶长期吸附了柑皮的果香味所致。（见第VII页图）

柑普茶有突出的保健作用，充分发挥了新会陈皮的“理气”功效。据古籍记载：“陈皮佳品，利气、化痰、止咳功倍于它药。”可见陈皮具有理气、健胃、去燥去湿、祛痰润喉的药用功效，且其药性愈陈愈强。这点与普洱的特性恰好相互融合。

冲泡柑普茶，一般选用盖碗或飘逸杯。选用盖碗冲泡，则满足了慢饮的需求；选用飘逸杯，则满足了快捷方便的商务人群的需求。

【活动设计】

一、活动条件

茶艺馆实训室；冲泡所用的开水、茶具、茶叶及其他用具。

二、安全与注意事项

茶具无破损；茶叶新鲜。

三、活动实施（见表1：活动实施步骤说明）

四、活动反馈（见表2：介绍柑普茶功效检测表）

【知识链接】

认识奶茶

奶茶原为中国北方游牧民族的日常饮品，至今最少已有千年历史。自元朝起，奶茶随着成吉思汗的铁蹄传遍世界各地，目前在大中华地区、中亚国家、印度、阿拉伯、英国、马来西亚、新加坡等地区都有不同种类的奶茶流行。

新疆奶茶：新疆各少数民族酷爱喝奶茶。因为牧区和高寒地区肉食较多，蔬菜很少，需要奶茶来帮助消化，此其一；冬季寒冷、夏季干热的气候条件使得人们既可靠奶茶迅速驱寒（冬季），又可祛暑解渴（夏季），此其二；其三，牧区人口稀少，各居民点之间距离较远，外出放牧或办事，口渴时不易找到饮料，离家前喝足奶茶，途中再吃些干粮，可耐渴耐饿。

新疆奶茶的原料是茶和牛奶或羊奶，其一般做法是：先将砖茶捣碎，放入铜壶或水锅中煮，茶烧开后，加入鲜奶，煮沸后不断用勺扬茶，直到茶乳充分交融，除去茶叶，加盐即成。但也有不加盐的，只将盐放在身边，根据每个人的口味放入盐量。

在少数民族家中喝奶茶有许多讲究，客人中年纪最大的坐首席，递茶时也先递给他。你喝完第一碗奶茶，如果还想喝，则把碗放在自己面前或餐布前，主人会立即接过碗给你盛第二碗；如果不想喝了，则用双手把碗口捂一下，表示已喝够了。

蒙古奶茶：蒙古族牧民以食牛、羊肉及奶制品为主，粮、蒙古奶茶为辅。砖茶是牧民不可缺少的饮品，喝由砖茶煮成的咸奶茶，是蒙古族人们的传统饮茶习俗。牧民们习惯于“一日三餐茶，一顿饭”，所以，喝咸奶茶，除了解渴外，也是补充人体营养的一种主要方法。通常一家人只在晚上放牧回家才正式用餐一次，但早、中、晚三次喝咸奶茶，一般是不可缺少的。这些咸奶茶多以青砖茶或黑砖茶制成，煮茶的器具是铁锅。煮咸奶茶时，应先把砖茶打碎，将洗净的铁锅置于火上，盛水2~3千克，烧水至刚沸腾时，加入打碎的砖茶50~80克。当水再次沸腾5分钟后，掺入牛奶，用奶量为水的五分之一左右，稍加搅动，再加入适量盐。等到整锅咸奶茶开始沸腾时再放少量炒米进去，咸奶茶才算煮好，即可盛在碗中待饮。这些奶茶风味独特，奶香浓郁，益于健康。

丝袜奶茶：中国大陆多称其为“港式奶茶”，以红茶混和浓鲜奶加糖制成，下奶及糖较多，杯的体积较大，热饮或冻饮均可。港式奶茶是普罗大众和低下阶层的流行饮料，一般于早餐或下午茶时饮用，在茶餐厅、快餐店或大排档都有供应，配搭中餐或西餐均可。之所以称为“丝袜奶茶”，是因为滤网经长期使用后颜色暗沉，远看似肉色丝袜。

椰香奶茶：如果说英式奶茶是奶茶的鼻祖，港式丝袜奶茶是奶茶的弘扬，那么海南椰香奶茶便是奶茶中的“贵族”，它以椰子粉勾兑红茶粉，冲泡后格外香气怡人，椰子粉赋予了海南椰香奶茶独特的韵味，让喝过的人感觉仿佛置身海滩上，漫步于椰林中。

拉茶：马来西亚和新加坡“拉茶”的制作方法与香港奶茶相似，但中间多一道“拉茶”的工序，是一门很讲技巧的手艺。所谓“拉茶”，是将已煮好的奶茶由一个器皿高空倒入另一个器皿中，此过程会被重复数次。高度的冲力被认为可以增加奶茶的浓郁，使之更香滑均匀。

珍珠奶茶：盛行于台湾。因于奶茶内加入煮熟后外观乌黑晶透的粉圆，遂以“珍珠”命名。另可加入各式各样的配料，调制出不同的味道。

印度奶茶：大多数印度人十点以后才吃早餐，早起睁开眼，可以不洗脸不漱口，但奶茶是一定要的。奶茶，印地语叫Chai，发音源自广东话的“茶”，按中国的茶分类，当属发酵型红茶。与中国传统红茶不同，印度奶茶加工时将茶叶切碎，饮用时加奶和糖。奶茶本身也有“贵”“贱”之分：前者称为MasalaChai，新鲜水牛奶中加入豆蔻、茴香、肉桂、丁香和胡椒等多种香料，是王公贵族们的最爱；后者就只有单纯的奶和茶，顶多加点生姜或豆蔻调调味，是贩夫走卒们每日不可少的饮料。虽说两者口味并无天壤之别，但所加香料品种和数量的多少，决定了茶的独特味道。

【课后作业】

选择柑普茶进行冲泡，深入了解柑普茶的特点。

茶叶	外形	色泽	滋味	汤色
	冲泡要素	第一次	第二次	第三次
	投茶量			
	水温			
	注水位置			
	出汤时间			
	冲泡次数			
小结（200字以上）	（结合茶汤的滋味、汤色、香味进行总结）			

实验茶艺师：　　　　**时间：**　　　　**评定等级：**　　　　**评分者：**

表 1：活动实施步骤说明

序号	步骤	操作及说明	标准
1	准备柑普茶	①准备柑普茶。	①准备柑普茶。
		②分别放在白色的茶荷里。	②茶荷干净。
2	介绍柑普茶	①介绍柑普茶的工艺。	①语言表达精确。
		②介绍柑普茶的品质。	②茶样的特点表述正确。
		③介绍柑普茶的功效。	③茶样的特色工艺介绍到位。
			④茶样的功效特点介绍较突出。

表 2：介绍柑普茶功效检测表

茶艺师： 班级：

序号	举证内容	举证标准	评判结果	
			是	否
1	选择一款柑普茶	①一款柑普茶。		
		②茶样新鲜。		
2	介绍柑普茶特点	①语言表达精确。		
		②茶样的特点表述正确。		
3	介绍柑普茶	①茶样的特色工艺介绍到位。		
		②茶样的功效特点介绍较突出。		

检查人： 时间：

第八节
调饮茶冲泡

02 冲泡调饮茶

【学习目标】

1. 能描述冲泡柑普茶的流程。

2. 运用茶叶冲泡的五要素知识，为宾客冲泡一壶柑普茶。

【核心概念】

小青柑：小青柑是采摘每年7、8月间尚处于成长期的新会柑果，经手工取出果肉、清洗、晾晒干燥后，形成的一种柑果味浓烈，具有较强药用价值的青柑果。后与云南的普洱熟茶相结合，缔造出独具风味、有良好效用的小青柑普洱茶。

【基础知识：小青柑冲泡技巧】

冲泡小青柑，可选用盖碗或飘逸杯。

如选用盖碗，茶艺师在冲泡时需掌握好以下技巧。

- 水温：柑普茶属于再加工茶，是以黑茶类普洱茶为基茶制作的，因此冲泡柑普茶的水温一般用高温水，即90摄氏度以上。
- 投茶量：一颗小青柑（约重20克）。
- 醒茶：柑普茶属于再加工茶类，需醒茶；又因以黑茶类为基茶，因此需醒茶2次。
- 注水位置：注水点在4点钟方向，顺时针沿着柑皮与普洱交界处绕一圈，回到柑心定点低冲，注水高度为5厘米，使水注缓缓而下，水量到盖碗八分满即停。
- 出汤时间：因为注水位置选用定点低注水，所以茶汤滋味有变化，盖上，约3秒出汤，下一泡延长3～5秒，到第5泡则延长5～8秒，以此类推。
- 冲泡次数：一般控制在8～12次，8次后其营养成分已经完全溶解出来，滋味随之变淡，香味也随之减弱。

● 引导品饮：柑普茶的品饮重在品味其鲜、醇、滑，茶汤散发出淡淡的桔子清香，滋味里溶合了普洱的陈、甜。

小青柑盖碗冲泡流程，详见第XIV页。其具体流程如下：

● 备水：小青柑属于再加工茶，由新会柑和云南普洱制成，其中普洱茶属于后发酵茶，因此选用95摄氏度的水冲泡。

● 备具：白瓷盖碗（150毫升）1个、茶针1支、茶夹1个、公道杯1个、茶滤1个、茶荷1个、品茗杯3个、茶船1张。

● 备茶：1颗小青柑。

● 温具：提高茶具的温度。沿盖碗里面注入沸水，清洗增温盖碗，把茶滤放在公道杯中，将盖碗的水倾入公道杯，清洗公道杯，再用公道杯之水清洗品茗杯。

● 赏茶闻香：小青柑因尚处于幼果阶段，果酸含量高、芳香物质丰富的同时，苦涩味也很重。

● 投茶：用茶夹把小青柑上的柑皮“帽子”夹放在盖碗里，再把小青柑放在盖碗中心。

● 润茶：茶艺师提起随手泡，在盖碗的4点钟方向顺时针沿着柑皮与普洱交界处绕一圈，回到柑心定点低冲，注水高度为5厘米，缓缓注入，水量到盖碗8分满时即停，盖上碗盖等10秒，将润茶水倒进茶船。同样再操作一次。然后用茶针在小青柑底部戳5个孔，使普洱茶在冲泡过程中完全与水溶合，更加突出茶的香味。

● 冲泡：同样是4点钟方向顺时针沿着柑皮与普洱交界处绕一圈，回到柑心定点低冲，注水高度为5厘米，缓缓而下，水量到盖碗8分满盖好碗盖。

● 出汤：等至3秒出汤，下一泡就延长3～5秒，到第5泡时就在上一泡延长的基础上加5～8秒，以此类推。

● 奉茶：茶艺师将品茗杯放入茶盘，端茶盘向宾客奉茶。

用飘逸杯冲泡小青柑则多来自商务休闲需求。冲泡时，茶艺师需掌握以下技术要点：

● 温具提香：用沸水浸润飘逸杯后出水，可提升杯身温度。把揭开果盖后的小青柑放入杯中，合上盖。杯内温度可让小青柑缓慢苏醒，约10秒后揭盖，可闻到其独特的干茶香。

● 注水位置：小青柑飘逸杯冲泡法有三种注点方式。

1

一是直冲柑心（图①）。水柱直冲在小青柑内的熟普上后，其特性完全释放，可看到茶汤红褐，品饮时滋味醇厚，稍带浓烈。但直冲柑心会影响其耐泡度，且易令宾客觉得滋味过浓。

二是直冲柑皮（图②）。水柱直冲在小青柑皮上，使茶汤黄亮，清香自然，滋味清甜。

2

三是直冲柑皮和熟普的接合处（图③）。水柱既直接打到柑皮，又冲击了熟普，所以汤色变换奇妙，会因注水位置靠内或靠外的不同，茶色或淡或浓、或深或浅变换。滋味兼具茶香与柑甜。采用这种冲泡方式，能更好地发挥熟普的耐泡度。

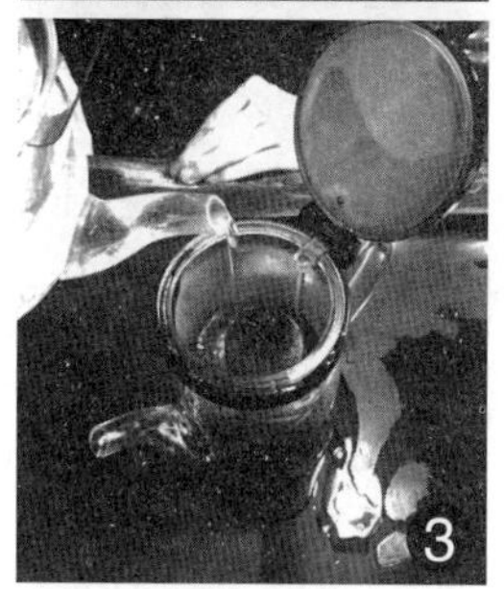
3

- 冲泡次数：冲泡5次以后，注水柑心，同时稍加闷泡，适当延长浸泡时间，熟普的糯香加上柑的甜醇充分析出，后段就更多的是甘甜，有一种经历风雨后的“苦后回甘”。

【活动设计】

一、活动条件

茶艺馆实训室；冲泡所用的开水、茶具、茶叶及其他用具。

二、安全与注意事项

茶具无破损；茶叶新鲜；随手泡摆放在不易碰撞之处，电源线板通电安全；斟茶时，避免茶水溅落到客人身上。

三、活动实施（见表1：活动实施步骤说明）

四、活动反馈（见表2：小青柑盖碗冲泡技法评价表；表3：小青柑盖碗冲泡流程评价表）

【知识链接】

调饮茶入门操作法——调饮冰绿茶

调饮冰绿茶需要用到以下器皿：随手泡，茶船，茶盘，储茶器，茶具组，瓷壶（容量为300毫升），高级摇酒器，搅拌棒，一个带有冰钳的冰桶，茶巾一块，玻璃杯及杯托三套。

冰绿茶本质上仍属清饮茶，故应选用高级绿茶，要拥有茶的色、香、味。其程序如下：

1. 布置茶桌。按规定的位置，将茶器具依次摆在茶台上。

2. 温瓷壶。茶艺师右手提随手泡向瓷壶中注入开水，注入量为壶容量的1/3。接着右手握壶把，左手中指扶壶左侧转动，使水在壶中浸漫，然后将壶水倒弃、滴尽，壶复位。

3. 置茶。茶艺师根据壶的大小投茶，并适量增加茶量。

4. 冲泡。茶艺师用右手提随手泡，定点在十点钟方向注入水，直至六分满后回旋斟水2~3圈，至瓷壶的八九分满，盖上壶盖，放右侧待用。

5. 翻杯。将已清洁干净后倒置的玻璃杯翻转过来，以待分茶。

6. 调制冰绿茶。茶艺师将小冰块（约4块）夹入高级摇酒器后，再倒入绿茶汁至六分满。倒茶时应控制好流速，使茶汁慢慢浸没冰块。然后以顺时针方向转动搅拌棒直至冰块基本溶化。

7. 分茶。当冰镇冷却后，茶艺师将冰绿茶分入各玻璃杯中，约七八分满。

8. 奉茶。茶艺师将玻璃杯放入茶盘，端茶盘向宾客奉茶。

9. 收具。茶艺师在宾客品饮完后，主动收回奉出的茶具并清洁。

【课后作业】

对比冲泡四会柑普、菊普茶，然后完成以下表格的填写。

<table>
<tr><th>茶叶</th><th>外形</th><th>色泽</th><th>滋味</th><th>汤色</th></tr>
<tr><td rowspan="7"></td><td></td><td></td><td></td><td></td></tr>
<tr><th>冲泡要素</th><th>第一次</th><th>第二次</th><th>第三次</th></tr>
<tr><td>投茶量</td><td></td><td></td><td></td></tr>
<tr><td>水温</td><td></td><td></td><td></td></tr>
<tr><td>注水位置</td><td></td><td></td><td></td></tr>
<tr><td>出汤时间</td><td></td><td></td><td></td></tr>
<tr><td>冲泡次数</td><td></td><td></td><td></td></tr>
<tr><td>小结（200字以上）</td><td colspan="4">（结合茶汤的滋味、汤色、香味进行总结）</td></tr>
</table>

实验茶艺师：　　　　　时间：　　　　　评定等级：　　　　　评分者：

表 1：活动实施步骤说明

序号	步骤	操作及说明	标准
1	选择茶具	①布置茶桌。	①茶桌布置符合标准。
		②选用盖碗及配套茶具。	②茶具配套完整，清洁干净。
2	确定投茶量	根据盖碗的大小确定茶叶的重量。	①使用电子秤称量茶量。
			②茶叶重约20克。
3	确定水温	根据柑普茶的品质，确定冲泡的水温。	①使用温度计看水温。
			②水温90摄氏度以上。
4	选择注水位置	①提起随手泡。	①落点在4点钟方向。
		②环形定点冲泡。	②螺旋形注水。水柱粗细适当。
5	出汤时间	①水量达到盖碗的8分满。	①第一泡3秒。
		②盖好碗盖。	②第二泡7秒。
		③心中默数，约1秒一下。	③第三泡12秒。
6	冲泡次数	冲泡3次。	冲泡3次。
7	引导品饮	①向宾客介绍茶汤。	①引导客人欣赏冲泡后展开的柑普茶形状。
		②微笑示范饮茶方式。	②引导客人品饮柑普茶的滋味。

表 2：小青柑盖碗冲泡技法评价表

茶艺师：　　　　　　　　　　班级：

序号	举证内容	举证标准	评判结果	
			是	否
1	茶具的选择	①茶桌布置符合标准。		
		②茶具配套完整，清洁干净。		
2	水温	①使用温度计看水温。		
		②水温90摄氏度以上。		
3	投茶量	小青柑1颗。		
4	醒茶	醒茶2次。		
5	注水位置	①落点在4点钟方向。		
		②螺旋形注水。		
		③水柱粗细适当。		
6	出汤时间	第一泡3秒，以每次加3～5秒的时间进行冲泡。		
7	冲泡次数	冲泡3次以上。		
8	引导品饮	引导客人品饮柑普的滋味。		

检查人：　　　　　　　　　　时间：

表3：小青柑盖碗冲泡流程评价表

茶艺师：　　　　　　　　　　　　　　班级：

序号	测试内容	测评标准	评价结果	
			是	否
1	姿态	①伸手礼正确。		
		②微笑甜美。		
2	温具	①冲水时，水量为盖碗的1/3。		
		②水不外溢。		
		③把茶滤放在公道杯中。		
		④将盖碗的水倒入公道杯。		
		⑤用公道杯之水清洗品茗杯。		
3	赏茶	手持茶荷的高度适当。		
4	投茶	①用茶夹把小青柑上的柑皮“帽子”夹放在盖碗里。		
		②把小青柑放在盖碗中心。		
5	润茶	①在盖碗的4点钟方向顺时针转动。		
		②水柱沿着柑皮与普洱交界处绕一圈。		
		③回到柑心定点低冲。		
		④水柱高度为5厘米。		
		⑤水柱缓缓注入。		
		⑥水量到盖碗8分满时即停。		
		⑦盖上碗盖等至10秒。		
		⑧将润茶水倒进茶船。		
		⑨润茶2次。		
		⑩用茶针在小青柑底部戳5个孔。		
6	冲泡	①4点钟方向顺时针沿着柑皮与普洱交界处绕一圈。		
		②回到柑心定点低冲。		
		③水柱高度为5厘米缓缓而下。		
		④水量到盖碗8分满盖好碗盖。		
7	出汤	①第1泡3秒出汤。		
		②第2～4泡，每泡延长3～5秒。		
		③第5泡后，每泡延长5～8秒。		
8	奉茶	①将品茗杯放置在茶盘上。		
		②双手递出品茗杯。		
9	收具	①等客人离座后，茶艺师收拾茶台。		
		②茶具清洗干净，并归位。		

检查人：　　　　　　　　　　　　　　时间：

第三章 送客服务

茶叶冲泡服务结束之后，茶艺师的服务进入最后的程序——送客服务。

送客服务包括结账和送客两个任务。结账时，茶艺师要能够正确地为客人核对茶单，熟悉各种支付方式的结账流程，能正确收款并按规定开好发票。结账后，要求茶艺师能运用礼仪规范，送别客人，并能马上回到工作岗位，清理、布置好茶室，做好迎接下一批客人的准备。在整个送客过程中，茶艺师应始终保持着亲切、热情、自然的态度。

送客服务虽不属于茶艺师工作的核心服务技能，但其影响力仍然不容小觑，因为最后印象和第一印象同样重要。而且，这个环节也容易出现一些突发事件。有些客人，尤其是初次来茶艺馆消费的客人，因为对茶品质量和茶艺馆的服务不熟悉，可能容易在结账时产生性价比不高等体验。所以，作为茶艺师，应该随时察言观色，能及时引导客人提高对茶品的质量、特点、服务及周围环境特色的认识及认同，以消除客人随时可能产生的不愉快感。

第一节
结账

01 结账程序

【学习目标】

1. 能说出结账服务的基本程序。
2. 能规范演绎结账服务的程序。

【核心概念】

结账:结账意味着茶艺师为客人提供的服务接近尾声,结账工作要求准确、迅速、彬彬有礼,给顾客留下干练、美好的印象。所以,茶艺师必须清楚结账的程序。

【基础知识:结账服务基本流程】

结账服务意味着茶艺师为宾客提供的茶事服务接近尾声,但并不意味着服务工作可以有所放松,相反,这一环节是宾客对整场茶事服务是否满意的最终决定因素。因此,作为茶艺师,一定要按照收银的规范程序及时、准确为客人结账。客人无论是在茶艺馆大厅,还是在独立茶室,都可由茶艺师代为结账。结账流程如右图。

茶艺师结账服务标准流程

核对茶单,做好结账准备
↓
询问结账方式,复述茶单
↓
收款,开具发票
↓
提醒宾客带齐物品
↓
收银交接

一、核对茶单,随时做好结账准备

- 核对房号(台号)、茶单,检查与客人所消费的茶品和茶点是否一致。
- 准备好茶单和账目。
- 留意客人的举动,做好结账准备。

二、询问结账方式，复述茶单，再次核对品饮清单和账目

- 根据情况确定买单的客人，如无法判断，应询问哪位买单。
- 走到主人右侧身后半步的位置，打开结账夹，右手持夹上端，左手轻托结账夹下端，递至主人面前，请主人对账单进行确认，注意不要让其客人看见账单。
- 必要时要向客人复述茶单，直至客人对账单没有疑问为止。
- 询问客人的支付方式。

三、收款，开具发票

- 按照客人提供的付款方式协助结账，如果客人支付的是现金，茶艺师应“唱收”，并当面验证钱的真伪。
- 利用税控机开具发票。
- 询问客人对所提供的茶品、茶点和服务有什么意见和建议。
- 打印账单，唱找，致谢。

四、提醒客人带齐物品

- 提醒客人带走或保存未消费完的茶品。
- 提醒客人带齐其他随身或贵重物品。

五、收银交接及其他

对于规模不大的茶艺馆，茶艺师可能兼任收银员，下班时应做好收银交接工作。

- 检查各种用品和表格单据，检查发票、有价证券、押金单据等其他单据是否连号，作废单等是否有总经理的签名。
- 完成本班的入账事项，并将相关表格和单据进行归档。
- 核对系统账务与实际是否一致，把本班次营业款及各类单据上交财务，清点零钱并将备用金移交下一班。
- 配合领班做好销售物品及茶品的清点工作。
- 在交接本上填写交接事项，包括：预定情况、未结账的台号、茶室，特殊折扣的客人，或者客人的特殊要求、意见或投诉等等。

【活动设计】

一、活动条件

茶艺馆实训室；茶单、收银机。

二、安全与注意事项

查茶具有无破损；检查茶单与实际消费之间有无差异；弄清客人所享受的优惠；查

验人民币的真伪；确保账款相符。

三、活动实施（见表1：活动实施步骤说明）

四、活动反馈（见表2：结账服务流程自测表）

【知识链接】

茶楼收银员的岗位职责

①熟练本岗位的工作流程，做到规范运作。

②熟练掌握操作技能，确保结账、收款的及时准确无误。

③做好开业前的各项准备工作，确保收银工作的顺利进行。

④结账收款时，对所收的现金要坚持唱收唱付，及时验钞，对支票要核实相关内容，减少经营风险。

⑤管好备用金，确保备用金的金额准确，存放安全。

⑥管好自己的上机密码，不得与他人公用，不得对外人泄露。

⑦管好用好发票，做到先结账、后开票，开票金额与所收现金及机打票金额必须相符，退票、废票要及时让经理签字作废。

⑧向财务交款前，需将现金、支票、信用卡分类汇总，与机打票核对相符，发现问题及时查找，避免损失。

【课后作业】

散客梁先生一行5个人前来茶馆消费，消费完后应该按照怎样的程序结账？

小组		组长	
工作任务			
具体分工			
模拟流程			
活动总结 （不少于200字）			
自评			
小组评			
教师评			

表 1：活动实施步骤说明

序号	步骤	操作及说明	标准
1	结账准备	①核对茶单。	①能主动观察、核对客人的茶单是否已经上齐。
		②准备好茶单和账目。	
		③留意客人举动，做好结账准备。	②观察客人是否已用完茶点，留意客人买单的情况。
2	核对品饮清单和账目	①确定买单的客人。	①站在买单客人右后方，离客人约45厘米。
		②再核对品饮清单。	②身体前倾，复述茶单。
		③核对账目。	③客人对账单有异议，应耐心解释，必要时逐一核对。
		④目测茶具的使用情况。	④检查物品、器皿有无破损。
		⑤询问买单方式。	⑤询问买单方式，检查折扣券、面值券是否过期。
		⑥收款。	⑥如果客人支付的是现金，应“唱收”。
3	准确收款开具发票	①收款、找零。	①准确迅速收齐款项，打印账单，准备好找零。
			②在账单上加盖“已付”章。
		②开具发票。	③根据财务要求和客人消费金额开具发票。
		③唱找并致谢。	④把账单、发票及零钱等夹在收银夹内，唱找给客人并致谢。
4	提醒客人带齐物品	①处理客人未消费完的茶品。	①提醒客人将未消费完的茶品放入茶叶罐带走或者存放在茶艺馆内。
		②提醒客人带齐物品。	②提醒客人带齐物品。
		③送别客人。	③能用客人的姓氏、职务向客人再次致谢，欢迎客人再次光临。
5	收银交接	①整理收银台。	①检查各种用品和表格单据，并将其归档。
		②入账。	②完成本班入账，将单据归档。
		③核实账务。	③核实系统账务与实际是否一致，上交营业收入，清点备用金。
		④清点物品。	④做好销售物品的清点工作。
		⑤交班。	⑤在交班本上记录交班事项。

表 2：结账服务流程自测表

茶艺师： **班级：**

序号	举证内容	举证标准	评判结果	
			是	否
1	结账准备	①核对茶单。		
		②留意客人的举动，做好结账准备。		
2	核对 品饮清单和账目	①站在买单客人身边，离客人大致45厘米。		
		②身体前倾，复述茶单并“唱价”。		
		③当客人对账单有异议时，耐心解释，必要时逐一核对。		
		④检查物品、器皿有无破损。		
		⑤询问买单方式，检查折扣券、面值券是否过期。		
		⑥如果客人支付现金，茶艺师应“唱收”。		
3	准确收款开具发票	①准确、迅速收齐款项，打印账单，准备好找零。		
		②在账单上加盖“已付”章。		
		③根据财务要求和客人消费金额开具发票。		
		④把账单、发票及零钱等夹在收银夹内，唱找给客人并致谢。		
4	提醒客人带走茶品	①提醒客人将未消费完的茶品放入茶叶罐带走或者存放在茶艺馆内。		
		②能用客人的姓氏、职务向客人再次致谢，欢迎客人再次光临。		
5	收银交接	①检查各种用品和表格单据，并将其归档。		
		②完成本班入账，将单据归档。		
		③核实系统账务与实际是否一致，上交营业收入，清点备用金。		
		④配合做好销售物品的清点工作。		
		⑤在交班本上记录交班事项。		

检查人： **时间：**

02 结账服务

【学习目标】

1. 能够复述茶单，为客人准确、及时结账。
2. 能做好不同支付方式的结账服务。

【核心概念】

茶单：茶单一般是指茶馆提供各类茶品、茶点的价目单，在结账环节，则是指客人的茶馆消费记录单，清晰地记录了客人的消费及价格，是结账环节的重要凭证。

【基础知识：结账服务注意事项】

在为客人提供结账服务时，茶艺师一定要处理好以下事项：

一、复述茶单，解释客人疑问

客人对账单有疑问，主要针对两种情况：一是消费的茶叶或茶点的种类；二是茶单中的某种茶品或茶点的价格。如果是前者，茶艺师应耐心复述茶单："您好！今天您喝的茶是正山小种，茶点一共有五款，分别是秘制牛肉干、蛋黄酥、开心果、九制话梅、小果盘，总共是***元。请您再次过目一下账单，看看有什么疑问？"如客人表示无疑问，但希望给个折扣，茶艺师应迅速帮助客人申请折扣："先生，您好！我已经替您向主管申请了，给您一个会员折——9折。感谢您的惠顾，希望您以后常来！"

如果是后者，那么通常是觉得某种茶叶的价格超过自己的预期，这时茶艺师可提供茶馆点茶单给客人核对，并耐心解释："X先生，您好！您很会品茶，您品的这款茶是我们茶馆在原产地承包的茶园出产的有机茶，完全不施用任何人工合成的化肥、农药、植物生长调节剂、食品添加剂等物质，并获得了有关组织颁发的证书。相较于其他茶馆的有机茶，因为我们有自己的茶园，所以价格方面比较优惠，您放心，很多客人都是冲着我们的这款茶而来的。要是您喝着感觉不错的话，您也可以推介给朋友，谢谢您！希望下一次还能为您服务！”这时，客人就应该能理解茶叶价格偏高的原因了。

二、询问客人的结账方式，准确收款

- 询问客人的支付方式，如果是现金，要当面验收。
- 如果客人是信用卡支付，要问清客人是否有支付密码。
- 如果客人提供了折扣券、面值券等，茶艺师应清楚告知使用的范围和限额等，收款时确认金额及数量正确。

三、按相关规定开具发票

- 询问客人是否开具发票，并请提供发票抬头和纳税识别号。
- 熟练利用税控机开具发票。

四、找零、致谢

- 用收银夹夹好结账单、发票、零钱，双手递给客人，并提醒：“这是发票和找您的零钱，请收好。”
- 用客人的姓氏、职务向客人致谢：“X先生，谢谢您！欢迎您再次惠顾！”

需注意，有些客人会在结账时投诉他们对茶品、茶点或者茶艺服务的不满，这时，最忌推诿或指责相关的部门或个人，“事不关己，高高挂起”的态度非但不能弥补过失，反而会让客人怀疑茶艺馆的管理，加深其不信任程度。所以，应沉着冷静发挥中介功能，向相关个人或部门讲明情况，请求帮助。问题解决之后，应再次征求客人意见，这时客人往往被你的热情帮助感化，从而改变最初的不良印象，甚至会建立亲密和相互信任的客我关系。

【活动设计】

一、活动条件

茶艺馆实训室；茶单、收银机。

二、安全与注意事项

逐一核对茶单与实际消费之间有无差异；理解客人的消费心理；保障客人和茶馆的利益都不受损。

三、活动实施（见表1：活动实施步骤说明）

四、活动反馈（见表2：结账服务自测表）

【知识链接】

结账注意事项

①凡涂改或不洁的结账单，不可呈给客人。

②结账单送上而未付款者，服务员要注意防止客人逃、漏账。

③付款时，银钱当面点清，对于外籍客人，可用加法方式算账打钱。

④钱钞上附有细菌，取拿后，手指不可接触眼睛、口及食物。

⑤服务员不得向客人索取小费。

⑥如客人结完账却仍未离开，茶艺师应继续为客人添加茶水，及时更换烟灰缸，必要时询问客人是否需要添加茶点。

【课后作业】

1.以小组为单位，为宾客提供不同的支付方式的结账服务，比较每种支付方式的不同之处，并总结它的注意事项。

支付方式	收款流程	注意事项
现金		
信用卡		
手机银行		
支付宝		
微信		

2.散客梁先生一行5个人第一次前来茶馆消费，消费完之后，账单共计313块，梁先生要求核对账单，这时，你们小组成员如何做，才能顺利结账呢?

小组		组长	
工作任务			
具体分工			
模拟流程			
活动总结（不少于200字）			
自评			
小组评			
教师评			

3.案例分析：该收不该收?

张先生是经常到店里来喝茶的客人，通常由茶艺师小李服务。但有一次，刚好小李休息，是由另一名茶艺师小赵服务的。张先生点了一份茶后要求额外加一些茶点，到了结账的时候，张先生发现茶点收了费用，他很气愤："小李从来没有多收钱"，但按照茶馆的规

定，是应该收费的，这个时候你应该怎样回答？以下哪个说法是比较得当的呢？为什么？

A. 非常抱歉，如果小李没有收费，那是她的事务，因为茶单上已经表明价格。

B.我并不知道小李给您有优惠，那就还按原来的价格收取吧。

C.这是店里的规定，我无权更改，望您谅解。

D.也许小李是按照经理的吩咐做的，我这就与经理联系核实情况。

分析：出现这个问题，是小李犯了严重的错误，破坏了茶楼的规定，解决这一问题应从两方面考虑：

①应让客人知道这种特殊待遇是不符合规定的。

②不应重犯小李犯过的错，而应遵守店内的规定，告诉客人你准备请示经理。客人如果知道这样做是违反规定的，又不想连累小李，就会阻止你与经理联系，并且以后不再提这样的要求了。

表 1：活动实施步骤说明

序号	步骤	操作及说明	标准
1	复述茶单解释客疑	①备好茶单和账目。	①能迅速为要结账的客人准备好茶单及账目。
		②根据客人的要求复述茶单。	②客人对账单有疑问时，茶艺师能根据情况进行核对，并耐心进行解释。
		③耐心做解释工作。	③如果是自己弄错，要诚恳向客人道歉。
2	询问客人结账方式并收款	①询问客人的结账方式收款。	①如果客人是现金支付，要当面验收。
			②如果客人是信用卡支付，要问清客人是否有支付密码。
		②收款。	③如客人提供了折扣券、面值券等，茶艺师应清楚告知使用的范围和限额等，收款时确认金额及数量正确。
3	按规定开具发票	①询问客人是否需要发票。	①询问客人是否需要发票，并且请客人提供发票抬头和纳税识别号。
		②开具发票。	②利用税控机，按照有关财务规定开具发票。
4	找零致谢	①找零。	①把账单、发票及零钱等夹在收银夹内交给客人。
		②致谢。	②能用客人的姓氏、职务致谢，欢迎客人再次惠顾。

表2：结账服务自测表

茶艺师：　　　　　　　　　　　　　　班级：

序号	举证内容	举证标准	评判结果	
			是	否
1	复述茶单解释客疑	①能迅速为要结账的客人准备好茶单及账目。		
		②客人对账单有疑问时，茶艺师能根据情况进行核对，并耐心进行解释。		
		③如果是自己弄错，要诚恳向客人道歉。		
2	询问客人结账方式，收款	①询问客人的支付方式，如果是现金，要当面验收。		
		②如果客人是信用卡支付，要问清客人是否有支付密码。		
		③如客人提供了折扣券、面值券等，茶艺师应清楚告知使用的范围和限额等，收款时确认金额及数量正确。		
3	按规定开具发票	①询问客人是否需要发票，并且请客人提供发票抬头和纳税识别号。		
		②利用税控机，按照有关财务规定开具发票。		
4	找零、致谢	①把账单、发票及零钱等夹在收银夹内交给客人。		
		②能用客人的姓氏、职务向客人致谢，欢迎客人再次惠顾。		

检查人：　　　　　　　　　　　　　　时间：

01 送客服务

【学习目标】

能运用礼仪规范，送别宾客。

【核心概念】

送客服务：是面向宾客提供茶事服务的最后一个环节，茶艺师应继续以饱满的热情、规范的仪态送客，给客人留下美好印象。该环节也是吸引回头客的重要因素之一。

【基础知识：送客服务注意事项】

送客服务是茶艺师面向宾客提供茶事服务的最后一个环节，故应继续以饱满的热情、规范的仪态送客，欢迎客人再次光临，目送客人离开，给客人留下美好印象，然后再回到自己的工作岗位上继续工作。规范的送客服务主要包括以下几个环节：

一、主动拉椅并致谢

当顾客用茶完毕起身离座时，茶艺师应为客人拉开座椅，以方便其行走，注意女士、老人优先。茶艺师也可利用这个机会询问顾客对服务是否满意，有无建议等。

二、提醒客人带齐物品

代客保管衣物的服务员，应主动帮客人送上衣帽，取出客人寄存的随身行李，提醒顾客不要忘记所带物品，并

茶艺师送客服务标准流程

拉开椅子并致谢

↓

提醒客人带齐物品

↓

将客人送至茶艺馆门口

↓

拉门道别

致语："谢谢您的光临，请走好！"茶艺师可利用这个机会询问顾客对我们的服务是否满意，有无什么建议等。

三、将客人送至茶艺馆门口

送客时，应让顾客走在前，自己走在顾客后面。沿途任何一位茶艺员遇到客人离去都要做出送别的手势，躬身施礼，礼貌向客人道别，微笑目送客人离开自己的服务区域。

四、拉门道别

当客人到达门口时，靠近门口的店员要面带微笑，提前帮客人拉开门至30度并鞠躬，尽量用姓氏、职务向客人道别："您慢走，感谢您的惠顾，期待您的再次光临"，并后退3步，目送客人离开。

若客人本身并未开车，茶艺师应礼貌询问是否需要帮助约车，如果需要，则请客人稍等，迅速帮助客人到路边叫出租车。等车到后，替客人拉开车门，最后一位客人上车后，将车门关上，注意力度适中，等车开走后再转身离开。

整个送客过程中，茶艺师应始终保持亲切、热情、自然的态度，让客人感受到送客的诚意。

【活动设计】

一、活动条件

茶艺馆实训室。

二、安全与注意事项

检查客人有无消费完的茶品；检查客人有无遗留物品；留意是否需要帮客人叫车。

三、活动实施（见表1：活动实施步骤说明）

四、活动反馈（见表2：送客服务检测表）

【知识链接】

茶艺师的文明用语

礼貌用语："您好""请""欢迎光临""对不起""请原谅""没关系""谢谢""别客气""请稍等""我就来"等等。

收找款用语：要唱收唱付、交待清楚。如"先生（女士），收您XX元；找您XX元，请点好""请您拿好""请您放好"等。

道别用语：要礼貌客气、关切提醒、热情指点、真诚祝愿。如"多谢惠顾""请慢

走”“欢迎下次再来”“再见”。

禁忌语：切勿用“哎”“喂”等单调词语喊叫顾客，禁止三三两两议论顾客或在顾客背后指指划划，更不准以貌取人，伤害顾客自尊心。

【课后作业】

1. 客人离开后，茶艺师发现客人遗留物品，应该怎么处理?

处理方法参考：

A. 如果客人刚起身离开，茶艺师可快步追上客人，把物品交还客人。

B. 如果客人走了一段时间才发现遗留物品，茶艺师应把遗留物品交到前台，查询有无客人留下联系方式，如果有，应致电告知客人前来认领；如果没有联系方式，茶艺师应交代前台保管好物品，并在失物记录本上记录，等待客人前来认领。

因此，一般建议在客人起身离开后，茶艺师要第一时间检查茶室里有没客人的遗漏物品，以便交还给客人。

2. 茶艺馆会员李先生一行5个人前来茶馆消费，买完单后应如何送客? 请模拟处理，并完成下表。

小组		组长	
工作任务			
具体分工			
模拟流程			
活动总结 （不少于200字）			
自评			
小组评			
教师评			

表 1：活动实施步骤说明

序号	步骤	操作及说明	标准
1	主动拉椅并致谢	①为客人拉椅。	①能主动为客人，尤其是女士和老人优先拉椅。
		②向客人致谢。	②能用客人的姓氏、职务向客人道别："XX先生，谢谢您的光临，请慢走！"
2	提醒客人带齐物品	①提醒客人保存未饮完的茶品。	①提醒客人把未饮完的茶品带走或者存放在茶艺馆内。
			②主动、准确为客人送上保管的衣物。
		②提醒带齐物品。	③提醒客人带齐随身携带物品。
3	将客人送至茶艺馆门口	将客人送至茶艺馆门口。	①送客时走在客人后面。
			②茶艺员见到客人都要驻足，躬身施礼，做出送别的手势。
4	拉门道别	①拉门致谢。	①能主动为客人拉门至30度，鞠躬，微笑。
		②道别。	②尽量用姓氏、职务向客人再次道别："您慢走，感谢您的惠顾，期待您的再次光临"。
		③询问客人是否需要帮忙叫车。	③后退三步，目送客人离开。
			④必要时询问客人是否需要叫车。

表 2：送客服务检测表

茶艺师：　　　　　　班级：

序号	举证内容	举证标准	评判结果	
			是	否
1	主动拉椅并致语	①能主动为客人，尤其是女士和老人优先拉椅。		
		②能用客人的姓氏、职务向客人道别："XX先生，谢谢您的光临，请慢走！"		
2	提醒客人带齐物品	①提醒客人把未饮完的茶品带走或存放在茶艺馆内。		
		②主动、准确为客人送上保管的衣物。		
		③提醒客人带齐随身携带物品。		
3	将客人送至茶艺馆门口	①送客时走在客人后面。		
		②茶艺员见到客人都要驻足，躬身施礼，做出送别的手势。		
4	拉门道别	①能主动为客人拉门至30度，鞠躬，微笑。		
		②尽量用姓氏、职务向客人再次道别："您慢走，感谢您的惠顾，期待您的再次光临"。		
		③后退三步，目送客人离开。		
		④必要时询问客人是否需要叫车。		

检查人：　　　　　　时间：

02 收尾工作

【学习目标】

1. 能做好客人走后的收尾工作。
2. 能根据规范恢复茶室的迎客状态。

【核心概念】

收尾工作：是对茶艺室的清洁和再布置工作，高效、优质完成这一项工作，将会提高茶艺馆的接待量，增加茶艺馆的收入。

【基础知识：收尾工作注意事项】

茶艺师在送走客人后，应迅速回到自己刚刚服务的茶室完成收尾工作，对茶室进行再布置，尽快恢复茶室的迎客状态。因此，茶艺师送走客人以后的收尾工作主要包括以下几个环节：

一、检查茶艺室环境有无特殊

茶艺师在送走客人、重回工作岗位后，首先要检查茶室里是否有客人未燃尽的烟头和客人遗留的物品；然后切断电器电源。必要时要开窗通风，保证室内空气清新。

二、收拾茶具，清理茶室

把茶具、用具分类送到工作间清洗消毒，抹干桌上的茶水，清扫地面，保证茶桌干净无水迹，地面干燥整洁。

茶艺师收尾工作标准流程

检查茶室环境有无特殊情况
↓
收拾茶具，清理茶室
↓
重新布置，恢复台面
↓
整理服务柜台，补充服务用品

三、重新布置，恢复台面

按照待客的要求，再次摆放好茶桌、茶具，检查茶具是否干净、干燥、配套、无破损等，桌椅摆放整齐得当，恢复台面的迎客状态。

四、整理服务柜台，补充服务用品

茶艺师在布置好茶桌后，还要准备好客用的所有经过消毒的器具，放置于工作台上，以便客人来时及时取用；吧台应准备好所有的相关用品；台面物品（如烟缸、台卡、纸巾等）应整齐有序的放置；备齐娱乐用品，并擦拭干净，以便使用。

清洁完毕后，要进行自我检查。待检查完毕后，关闭灯具，再及时做好相关的记录。

所有客人离开后，茶艺师要配合领班做好收市的各项卫生工作，进行茶品的分类清点工作，听从领班的其他安排。

【活动设计】

一、活动条件

茶艺馆实训室。

二、安全与注意事项

检查客人有无消费完的茶品；检查客人有无遗留物品；检查有无破损的茶具。

三、活动实施（见表1：活动实施步骤说明）

四、活动反馈（见表2：茶室再布置工作检测表）

【知识链接】

茶艺馆工作日志

工作日志是指针对自己的工作，每天记录工作的内容、所花费的时间以及在工作过程中遇到的问题，解决问题的思路和方法。最好可以详细客观地记录下你所面对的选择、观点、观察、方法、结果和决定，这样每天记每日清，经过长期的积累，才能达到通过工作日志提高自己的工作技能的目的。整体来说，工作日志主要有以下作用：

- 帮助个人养成良好的工作习惯，梳理了工作的条理，有益于工作总结。工作日志既是对当天工作的记录，同时也能把自己预想到的第二天的工作和该处理的问题简单列出来，以便自己在第二天解决，培养自己有计划有目的地工作的习惯和能力，提高工作效率。也能在每天的工作日志中总结自己的不足，归纳出要做好自己的工作岗位所需要的能力和素质，促进个人提升。

● 具备提醒跟踪的作用。工作日志是记录任务来源和任务输出的过程，因此，对于茶艺师来说，工作日志的提醒作用非常明显，因为在实际工作中，常常会遇上同时进行多项工作的情况，为免在这过程中忽略了某些重要的事情，及时查看工作日志并进行标注，对每一位员工就有着重要的作用。

● 具备证明业绩的作用。茶艺馆的工作日志是一个公开的平台，每位员工的工作内容、工作量、工作效果等一目了然，给管理者提供了评价员工的客观依据。同时，通过日志，也可以了解员工的工作思路和员工的实际能力。

【课后作业】

散客梁先生一行5个人前来茶馆消费，买完单后如何送客？请分小组讨论后完成任务表，并模拟操作。

小组		组长	
工作任务			
具体分工			
模拟流程			
活动总结（不少于200字）			
自评			
小组评			
教师评			

表1：活动实施步骤说明

序号	步骤	操作及说明	标准
1	检查茶艺室环境	①检查有无遗留物品。 ②检查用电安全。 ③自测空气是否清新。	①检查茶室周围，看有无客人的遗留物品。 ②确保电器设备处于断电状态。 ③开窗通风，保证室内空气清新。
2	收拾茶具 清理茶室	①收拾茶具。 ②清理茶室。	①把茶具、用具分类送到工作间清洗消毒。 ②清理茶桌，保证茶桌干净无水迹。 ③清理茶室地面，保证地面干净整洁。
3	重新布置 恢复台面	①重新摆好茶具。 ②按要求布置茶桌和茶室。	①摆放好茶桌、茶具，检查茶具是否干净、干燥、配套、无破损。 ②摆放好桌椅，要符合待客要求。 ③清理好茶室后，要做好记录。
4	整理服务柜台 补充服务用品	①整理服务柜台。 ②补充茶品、服务用品。	①准备客用的已消毒器具，分类摆放于工作台。 ②补充茶品和服务用品。 ③放于台面的物品，如烟缸、台卡、纸巾等，应整齐有序地置放于台面上。 ④备齐娱乐用品，并擦拭干净。

表2：茶室再布置工作检测表

茶艺师：　　　　　　　　　　　　　班级：

序号	举证内容	举证标准	评判结果	
			是	否
1	检查 茶艺室环境	①检查茶室周围，看有无客人的遗留物品。		
		②确保电器设备处于断电状态。		
		③开窗通风，保证室内空气清新。		
2	收拾茶具 清理茶室	①把茶具、用具分类送到工作间清洗消毒。		
		②清理茶桌，保证茶桌干净无水迹。		
		③清理茶室地面，保证地面干净整洁。		
3	重新布置 恢复台面	①摆放好茶桌、茶具，检查茶具是否干净、干燥、配套、无破损。		
		②摆放好桌椅，要符合待客要求。		
		③清理好茶室后，要做好记录。		
		④清洁地面，保持地面干燥、整洁。		
4	整理服务柜台 补充服务用品	①准备客用的所有经过消毒的器具，分类摆放于工作台。		
		②补充茶品和服务用品。		
		③放于台面的物品，如烟缸、台卡、纸巾等，应整齐有序的置放于台面上。		
		④备齐娱乐用品，并擦拭干净。		

检查人：　　　　　　　　　　　　　时间：